预裂爆破技术

许传华　张西良　仪海豹　崔正荣　著

扫码看本书
数字资源

北　京
冶　金　工　业　出　版　社
2024

内 容 提 要

本书共分 9 章，在全面梳理总结过往预裂爆破成果的基础上，从预裂爆破失败的案例角度出发，全面分析影响预裂爆破效果的影响因素，从基础理论、爆破器材与机具、模型实验、数值模拟以及矿山、水利水电、交通运输等领域典型预裂爆破案例的角度，介绍预裂爆破技术理论、技术、应用实例以及安全防控措施等，详细阐述了预裂爆破的理论与应用成果，并结合现场施工作业提出了预裂爆破效果评价方法以及质量、安全等控制措施，以典型工程应用案例，剖析预裂爆破技术难题和解决方案。

本书可供爆破工程技术和管理人员阅读，也可作为高等院校矿业类专业参考书及培训教材。

图书在版编目(CIP)数据

预裂爆破技术/许传华等著．—北京：冶金工业出版社，2024. 10
ISBN 978-7-5024-9621-0

Ⅰ.①预…　Ⅱ.①许…　Ⅲ.①预裂爆破—爆破技术　Ⅳ.①TB41

中国国家版本馆 CIP 数据核字(2023)第 246054 号

预裂爆破技术

出版发行　冶金工业出版社　**电　话**　(010)64027926
地　址　北京市东城区嵩祝院北巷 39 号　**邮　编**　100009
网　址　www. mip1953. com　**电子信箱**　service@ mip1953. com

责任编辑　曾　媛　刘思岐　美术编辑　燕展疆　版式设计　郑小利
责任校对　范天娇　责任印制　禹　蕊
北京印刷集团有限责任公司印刷
2024 年 10 月第 1 版，2024 年 10 月第 1 次印刷
710mm×1000mm　1/16；13 印张；250 千字；194 页
定价 89. 00 元

投稿电话　(010)64027932　投稿信箱　tougao@cnmip. com. cn
营销中心电话　(010)64044283
冶金工业出版社天猫旗舰店　yjgycbs. tmall. com
(本书如有印装质量问题，本社营销中心负责退换)

序

工程爆破是当前岩土开挖、矿山开采等领域最常用、最高效的破岩手段，在国民经济和社会发展中得到了广泛应用并发挥着举足轻重的作用，同时，不可否认的是爆破诱发的爆破振动也对爆区周边建（构）筑物的安全和稳定造成了一定的负面影响，必须引起高度关注与重视。工程实践表明，预裂爆破是岩土工程爆破振动控制的关键技术之一。多年来，广大科技工作者在预裂爆破理论、模型实验、工程验证等方面开展了大量研究与实践工作，取得了可喜的研究成果，然而系统总结相关理论知识与生产实践的书籍却十分匮乏。

本书作者在全面梳理总结过往预裂爆破成果的基础上，结合本单位多年研究成果和实践经验，从基础理论、爆破器材与机具、模型实验、数值模拟以及矿山、水利水电、交通运输等领域典型预裂爆破案例的角度，较为详细地阐述了预裂爆破的理论与应用成果，并结合现场施工作业提出了预裂爆破效果评价方法以及质量、安全等控制措施。

本书遵循科学性、系统性、简明性和适用性的撰写原则，既有学术著作的严谨性，又有通识读物的普及性，具有较高的著作编写质量，反映了作者严谨的治学态度和扎实的学术功底。本书为读者提供了一份全面而系统的预裂爆破技术指南，是学习、研究和实践预裂爆破技术的有力工具，书中配有大量的归纳总结的图、表，可以帮助读者增长见识、拓宽视野，加深对预裂爆破技术的认识与理解，激发读者对工程爆破行业的兴趣和好奇心，对于爆破从业人员、工程技术管理人员以及大专院校师生等具有很好的参考价值，本书的出版将有助于推动预裂爆破技术的推广与应用。

王运敏

2023年6月

前　言

预裂爆破技术是重要的岩土工程稳定性控制手段，在露天矿山、水利水电、交通运输等领域具有广阔的发展应用场景。自20世纪60年代预裂爆破技术形成以来，国内外专家学者在机理分析、数值模拟、模型实验以及现场试验等方面开展了大量研究工作，积累了丰富的科研成果和宝贵的实践经验，并逐步在工程爆破行业进行大范围的推广应用，有力推动了爆破技术的进步与发展，为国民经济建设和社会发展作出了重要贡献。

为全面梳理国内外预裂爆破技术发展历程，系统总结预裂爆破前期相关研究成果，助力我国工程爆破行业的持续高质量发展，作者在参阅大量文献资料的基础上，结合作者单位多年来的预裂爆破科研成果和工程实践经验，总结凝练并撰写完成本书内容，形成了理论和实践相结合的专门介绍预裂爆破技术的书籍。

本书共分9章，涵盖预裂爆破技术理论、技术、应用实例以及安全防控措施等内容。第1章为绪论，回顾了预裂爆破技术的发展历程和发展趋势；第2章为预裂爆破基础理论，包括预裂成缝机理、预裂孔壁压力计算、预裂缝对爆破地震波的影响等；第3章为预裂爆破主要影响因素和常见问题分析，包括影响预裂爆破效果的因素分析、常见的预裂效果不佳的原因分析；第4章为预裂爆破器材与机具，分为工业炸药、工业雷管、工业导爆索以及钻孔设备等；第5章为预裂爆破模拟实验，包括物理模型实验和数值仿真计算；第6章为预裂爆破技术与应用，包括预裂爆破技术与工艺，以及预裂爆破技术在矿山、水利水电、交通运输工程中的应用；第7章为预裂爆破质量评价，介绍了半孔率、坡面不平整度、边坡坡率等主要评价指标；第8章为预裂爆破有害效应控制，包括爆破振动、飞石等控制措施；第9章为预裂爆破施工管理，主要包括质量控制、安全施工、冬季施工措施。在本书编撰过程中，许传华负责撰写第1、2、3章，张西良负责撰写第4、5、8章，崔正荣负责撰写第9章，仪海豹负责撰写第6、7章以及全文统稿工作。

本书内容丰富、通俗易懂，章节有序、层次分明，并紧密结合生产爆破应用实践，提供了大量的现场作业图片，可以使读者清楚地掌握预裂爆破的技术要点和操作流程，具有较强的实用性，可以作为爆破工程技术和管理人员、大专院校师生等的培训教材或应用参考书。

本书得到了王运敏院士等行业专家的大力支持和指导，并提出了宝贵的修改意见，为提升本书编撰质量献出了辛勤智慧，在此表示衷心感谢。此外，本书编撰期间引用和参阅的主要资料作为参考文献附后，由于篇幅有限，尚有一些文献未能一一列出，谨向文献作者表示感谢。

由于编者水平有限，本书编撰过程中难免存在错误或不足之处，恳请同行专家学者不吝赐教，对本书发现的问题和疏误之处给予批评指正。

作　者
2023年6月

目　　录

1 绪 论

1.1 预裂爆破发展历程

1.1.1 预裂爆破技术的应用

在爆破工程中，实施爆破开采或开挖时需要解决两个同等重要的问题：一是采用最有效的方法将既定范围内的岩石进行适度破碎，必要时，再将破碎后的岩石进行抛掷，以达到一定的工程目的；二是降低对爆破范围以外岩体的破坏（损伤），最大限度地保持岩体原有的强度和稳定性，以利于爆破后围岩的长期稳定，同时降低爆破地震效应对环境的影响等。

经过长期的试验研究和探索，人们提出和发展了光面爆破和预裂爆破，有人将此类控制爆破技术归为周边爆破技术，或轮廓爆破技术。

光面爆破技术于20世纪50年代初期起源于瑞典，至60年代，光面爆破技术在工程中已得到了广泛的应用和发展。预裂爆破技术是在光面爆破的基础上产生的。

1.1.1.1 国外预裂爆破技术的应用

20世纪60年代初，不耦合装药、密眼齐发等光面爆破、预裂爆破技术在美国尼亚加拉水电站的建设中得到了大规模的应用。该电站土石方工程量浩大，对进水涵洞、动力机房的开挖要求严格，要求爆破后隧洞岩壁面必须达到设计要求。预裂爆破的主要技术参数有：孔径为63 mm，孔深在13.8~15.6 m；40%甘油炸药，药包直径为32 mm；孔内间隔式装药，药心间距为300 mm；电雷管起爆。

预裂爆破在尼亚加拉水电站的成功经验使其在水电站和露天采矿等工程爆破中得到了进一步的应用与发展。在美国黑石河水电站建设中，岩石为黑云母片岩，预裂孔直径为63 mm，40%甘油炸药，药卷规格为ϕ22 mm×600 mm，连续不耦合装药，孔间距为30 cm，用85 g/m导爆索起爆，预裂效果良好。

20世纪70年代初中期，较多预裂爆破现场采用大直径预裂孔，如加拿大Berkley矿，其预裂孔径为250 mm，孔深为12 m（内超钻2 m），每孔装药45 kg，预裂孔间距为3.6 m，爆破后边帮破坏严重，壁面上很少有可见孔痕，预裂效果不佳。在一些有条件的矿山采用了小直径预裂孔，如美国的Tilden铁矿，其预裂孔径为 115 mm，孔深为 13.5 m，药径为 38 mm，孔间距为 1.5 m，预裂效果良好。随后，加拿大 Berkley 矿将预裂孔调整为 76 mm，每米装药 2.4 kg，孔间距为1 m，预裂效果有所改善。

虽然采用中小直径预裂孔可以改善预裂效果，但会导致孔间距缩小，预裂孔密度及孔数大为增加，不仅费工费时，还增加了预裂爆破成本。为此，人们在现场生产实践中采用小直径药包的不耦合装药法。如加拿大的 Thompson 矿，采用大孔径小药径预裂法，其不耦合系数在 3 左右，即当预裂孔径为 310 mm 时，药径采用 100 mm，当预裂孔径为 250 mm 时，药径采用 85 mm，药量为每孔 55 kg，爆破后可见 35%残孔眼痕；美国 San Juan 煤矿的主爆孔孔径为 270 mm，起初用直径为 150 mm 的塑料管装铵油炸药，孔深为 30 m，并分别将药径改为 126 mm 和 100 mm，将药包包皮改为硬纸管，降低了预裂成本，改进了预裂效果。

为了得到整齐的壁面，减少超欠挖和保护保留岩体，过去主要采用预留保护层或轮廓线钻孔法（即防震孔法）等预防措施，不仅延长了开挖工期，还会增加工程投资。1957 年，美国科罗拉多矿山首次采用了预裂爆破法；1959 年，美国尼亚加拉水电站在引水渠和竖井开挖中使用了预裂爆破法；之后，许多国家在不同岩体中都取得良好的预裂爆破效果。

在预裂孔深度上，美国、俄罗斯等国家的矿山常采用双台阶高度的超深炮孔，如俄罗斯盖斯克矿，其台阶高 15 m，孔径为 216 mm，倾角为 70°，斜孔全长在 36~38 m，由铵油炸药导爆索起爆；美国 San Juan 煤矿台阶高 12 m，孔径为 270 mm，1989 年后采用气囊式装药法，倾角为 75°，孔深为 30 m。美矿业局在宾州西大煤矿的试验中，将预裂孔径设为 310 mm，孔深达 50 m，使用间隔装药结构，取得了较好效果；Atlas 公司试验矿、筒子河矿等也都采用了双台阶式的预裂孔深；俄罗斯萨尔拜露天矿的台阶高度为 20 m，预裂孔径为 260 mm，孔间距在 2~3 m，药径为 100 mm，斜孔的倾角为 70°，孔深达 50 m，预裂效果良好。超深预裂孔的主要优点在于减少了穿孔、装药等作业的交替次数，可以达到省工、省时、降低成本的目的，在合适的条件下是值得考虑应用的。

1.1.1.2　我国预裂爆破技术的应用

我国于 1964~1965 年在湖北陆水水电站施工中开展了浅孔预裂爆破试验。20 世纪 70 年代，在葛洲坝水利枢纽工程建设中开展了大规模预裂爆破试验，在砂岩和砾岩地质条件下取得了良好的预裂壁面，这是中国爆破史上首次大规模地运用预裂爆破技术。葛洲坝的成功经验为预裂爆破技术在水利水电行业的全面推广应用奠定了良好基础。硐室加预裂一次成型综合爆破技术在贵新高速公路、焦晋高速公路等工程中得到了应用与实践，成为高质量路堑爆破的样板。

20 世纪 70 年代中期，预裂爆破开始在我国露天矿山进行大量的推广应用。

大多数矿山采用大孔径小药径的不耦合装药法。例如，攀钢兰尖铁矿主要岩石为辉长岩、大理岩等，预裂孔径为200 mm，倾角为75°，孔深为15.5 m，采用2号岩石硝铵炸药，药包规格为ϕ60 mm×500 mm，装药长度在10~12 m，上部填塞2~3 m，预裂效果良好；马钢南山矿的主爆孔径为250 mm，预裂孔径为150 mm，预裂孔深度为15.5 m，倾角为65°，采用铵油或铵沥蜡炸药，药径为45 mm，孔口留3.5 m不填塞炸药。南京白云石矿的预裂孔径为160 mm，药径为50 mm，采用长药包连续式装药，装药密度为1.90 kg/m，孔口留4 m不装填炸药，孔间距为2.0 m，采用导爆索及电雷管起爆，爆后边帮残留孔痕大于50%，效果良好。

马鞍山矿山研究院与马钢南山矿首次联合研发了高陡边坡靠帮预裂控制爆破技术，总结出预裂爆破参数（不耦合系数、线装药密度、预裂孔间距）计算的经验公式，预裂爆破形成的台阶坡面不平整度小于15~20 cm，坚硬岩石的半壁孔率大于80%、软岩的半壁孔率大于50%，减轻了对矿山边坡保留岩体的破坏，显著提高了边坡稳定性；《露天矿光面预裂控制爆破一次形成固定边坡》获得1978年全国科学大会奖状，并获得了冶金工业部的表彰。

“七五”期间（1986~1990年），马鞍山矿山研究院、北京科技大学等与首钢水厂铁矿、南芬露天矿开展了大孔径垂直预裂孔爆破技术研究，水厂铁矿采用45R牙轮钻机（孔径为250 mm）、南芬露天矿采用YZ-55A牙轮钻机（孔径分别为250 mm、310 mm）进行钻孔，预裂爆破降振效果良好。其中，水厂铁矿采用ϕ250 mm炮孔进行预裂爆破18次，总长1400 m，实现了一次成帮；与普通爆破法相比，降震率达44%以上，岩体破坏范围减少61%以上；与YQ-150潜孔钻相比，单位长度的预裂爆破费用降低了32%。

2014年以来，中钢集团马鞍山矿山研究院研发了靠帮并段超深孔预裂控界爆破技术，其研究成果在包钢钢联巴润矿得到了推广应用，实现了双台阶一次穿孔爆破，部分孔深超30 m，现场的半壁孔率达85%以上，较好地控制了采场边坡的安全稳定。

1.1.2 预裂爆破理论的发展

预裂爆破技术的发展需要爆破理论的指导。20世纪60年代初期，继预裂爆破在爆破工程中的成功实施之后，美国、瑞典、日本以及南非的一批爆破学者开始了对预裂成缝机理和模型试验的探讨，先后提出了对爆破成缝机理的见解。也有人从断裂力学的观点解释了预裂成缝机理，并利用动光弹模型进行了相关的研究。

基于半无限体单孔爆破的物理现象，解释岩石爆破破岩主要理论有应力波破岩理论，高压准静态爆轰气体破岩理论，以及爆炸应力波与高压爆轰气体联合作用破岩理论。预裂爆破成缝机理以上述理论为基础，提出了预裂爆破不耦合装药或采用低爆速炸药的概念。

20世纪70年代，我国开始对预裂爆破机理进行研究，主要是开展了一些小型砂浆试块的模型试验。80年代以来，我国在预裂爆破机理实验研究和利用经典力学计算炮孔间应力分布、装药量计算等方面取得了长足进步，大大缩小了与发达国家的差距。1987年，国家煤炭部、水电部、冶金部、铁道部联合召开了预裂爆破、光面爆破机理讨论会，有力地促进了爆破理论研究的发展。

通过采用现代化仪器设备在实验室观测预裂爆破的现象，并从中总结其基本规律，是推动预裂爆破技术发展不可缺少的手段。原中国矿业学院北京研究生部建立了一套动光弹加载系统和实验性能稳定的超高频动态测量系统，并针对工程设计和实践关心的一些重要问题开展了研究，为研究小药量爆破模型试验中的应力、应变、质点位移、质点振动速度等提供了有效手段。

此后，在爆炸能量定向利用理论的指导下，科研工作中提出了包括炮孔壁定向刻槽、炮孔内置入定向刻槽套管及聚能药包等多种技术措施，并在工程实践中获得了应用，有效地推动了预裂爆破技术的发展。

1.1.3 标准规范的制定与修订

在水利水电行业，1983年，我国水电部门依据葛洲坝的成功经验，率先将预裂爆破引入《水工建筑物岩石基础开挖工程施工技术规范》(SDJ 211—1983)，为预裂爆破在水利水电行业的全面推广应用打下了良好的基础。1983年，水利电力部颁发的电力行业标准《水工建筑物地下开挖工程施工技术规范》(SDJ 212—1983)，标志着预裂爆破技术开始在我国水电地下开挖工程中推广应用；1999年8月2日，国家经济贸易委员会发布了修订版（DL/T 5099—1999)，于1999年10月1日实施；2011年7月28日，国家能源局发布了最新修订版（DL/T 5099—2011)，于2011年11月1日实施。1994年，水利部发布了水利行业标准《水工建筑物岩石地基开挖施工技术规范》(SL 47—1994)，并2020年11月2日发布了修订版（SL 47—2020)，修订版于2021年2月2日实施。2007年7月20日，国家发展和改革委员会发布了电力行业标准《水工建筑物岩石基础开挖工程施工技术规范》(DL/T 5389—2007)，于2007年12月1日实施。

在铁道行业，铁道部于2008年7月9日发布并开始实施了由中国铁道科学研究院主编的《铁路路堑边坡光面（预裂）爆破技术规程》(TB 10122—2008)，有力地推动和促进了光面（预裂）爆破技术在铁路建设中的应用。

近年来，为加强我国爆破领域的标准化建设，促进爆破行业的健康可持续发展，中国爆破行业协会不断加强爆破标准规范的建设工作；进一步推动了预裂爆破在工程爆破行业中的应用，制定了团体标准《预裂爆破工程技术设计规范》（T/CSEB 0017—2021）和《预裂爆破工程施工组织设计规范》（T/CSEB 0018—2021），实施后将为预裂爆破技术的推广发挥积极促进作用。

1.2 预裂爆破应用前景

自预裂爆破技术应用以来，其在岩土边坡、矿山采场和地下工程稳定性控制中发挥了显著的作用，为国民经济发展和基础设施建设作出了重要贡献。

随着国家交通运输、水利水电、矿山开采等岩土工程的发展，在岩土稳定性控制方面，在未来的很长一段时期内，对于预裂爆破技术仍然有很大的工程需求；随着人们对爆破效率和安全的要求不断提高，未来预计越来越多的岩土开挖工程将采用预裂爆破技术，这会进一步促进预裂爆破技术的发展与推广。由此可见，预裂爆破在今后具有广阔的发展应用前景。

结合当前的预裂爆破现状，分析认为预裂爆破未来的主要发展方向如下：

（1）大孔径垂直孔预裂爆破技术。结合现场工程爆破条件，因地制宜地选择适宜的钻孔设备，可以节省钻孔设备投资。矿岩钻机单一化是大型露天矿预裂爆破技术的一种发展趋势。采用矿山生产钻机进行大孔径垂直预裂爆破，可以提高预裂爆破效率，有效降低预裂爆破成本，具有较好的发展应用前景。

（2）预裂爆破专用药卷。采用预裂爆破专用炸药和新型装药结构是改善预裂爆破效果的重要因素。通常采用的常规爆破的小直径乳化炸药卷，不具有预裂爆破的针对性。虽然国内一些厂家能生产预裂爆破专用炸药，但其价格一般过高且某些地区采购困难，影响了其推广应用。针对不同岩石特性，研制具有针对性的低成本预裂爆破专用炸药，对于提高预裂爆破效果具有重要意义。

（3）计算机数值仿真计算。近年来，计算机数值仿真技术发展迅速，并在工程爆破模拟分析中得到了广泛应用，为预裂爆破技术的数字化提供了有利条件。根据不同岩性和地质地形条件等，采用计算机数值仿真模拟方法进行预裂爆破辅助设计，以优化调整装药结构和爆破参数等，可以有效地提升预裂爆破的控制效果。

（4）预裂爆破技术精细化、智能化。随着科学技术的快速发展，预裂爆破技术将会越来越精细化，从而更好地控制岩体的裂纹形成和裂开方向，提高预裂成缝效果；人工智能、大数据技术、智能机器人等在预裂爆破技术中的应用，将会提高预裂爆破施工精度和可靠性，减少人为干扰和误差，降低人员作业的劳动强度，进一步提升预裂爆破效果、工程效率和安全性；未来新型环保起爆材料和新型缓爆材料的应用，将使得预裂爆破更加准确和高效，从而更好地控制爆炸能量，减少对周围环境的影响，达到更好的爆破效果和爆破质量。

2 预裂爆破基础理论

2.1 概　　述

预裂爆破基础理论是预裂爆破技术的指导思想，对于预裂爆破技术的形成和发展具有重要指导作用；主要涉及预裂成缝机理、孔壁压力计算、预裂缝对爆破振动波的影响、岩石动态力学参数测试等内容。

2.2 预裂爆破定义及适用条件

2.2.1 定义

预裂爆破是沿设计开挖边界布置密集炮孔，采取不耦合装药或装填低威力炸药，在主爆区之前起爆，从而在爆区与保留区之间形成预裂缝，以减弱主爆破对保留岩体的破坏并形成平整轮廓面的爆破技术（图 2-1）。

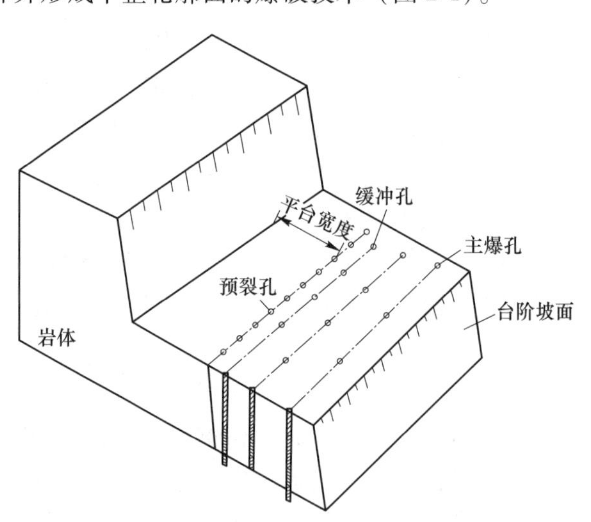

图 2-1　典型预裂爆破三维示意图

常用的预裂爆破方法分为两类：

（1）预裂孔先行起爆法。预裂孔先行起爆法是沿开挖边界加密钻孔，并先独立实施预裂爆破，再对主爆区进行钻孔爆破的方法。

（2）一次分段延时起爆法。一次分段延时起爆法是预裂孔爆破附属于主爆区爆破，且预裂孔与主爆孔为同一起爆网路，并采用毫秒延时依次起爆预裂孔、主爆孔的方法。

实践表明，同时起爆的孔数越多，越有利于预裂成缝和壁面平整。当预裂孔分段爆破时，在满足爆破振动要求的条件下，同一段起爆的炮孔数量应尽量多一些，一般不少于3孔。

2.2.2　适用条件

在地质条件方面，预裂爆破广泛应用于坚硬和完整的岩体中，且可以取得显著的边坡稳定控制效果；对于节理构造发育的岩体，预裂爆破的效果则有所减弱。

在爆破方法方面，预裂爆破适用于钻孔深度大于1.0 m的浅孔爆破、露天及地下深孔爆破。

在工程领域方面，预裂爆破适用于矿山、公路、铁路、水利、水电、场坪等岩体边坡开挖工程。

2.3　预裂爆破成缝机理

2.3.1　预裂成缝理论

由于炸药爆炸反应的“三高”（高温、高压、高速）特性、岩石介质的非均匀性、爆炸测试技术的局限性，都在较大程度上制约了人们对岩石预裂爆破成缝机理的认识。随着科学技术的发展，数值模拟软件、高速摄影、动光弹等技术在炸药爆炸破岩分析中得到了推广运用，并结合断裂损伤力学有关理论，形成了三个主要预裂爆破成缝理论，即应力波叠加理论、爆炸气体高压准静力作用理论、爆炸应力波与爆生气体联合作用理论，其中第三种更为多数人所接受。

爆炸应力波与爆生气体联合作用理论简述如下：预裂成缝机理分为两个过程，即爆炸应力波的作用过程和爆生高压气体的作用过程；二者既有先后关系，又是连续、不可分割的。

在爆炸应力波作用阶段，炸药在爆炸后，产生的爆炸应力波从炸药中心向外传播；当切向拉应力超过岩石动态抗拉强度时，将在孔壁向外的较短距离内产生初始爆炸裂缝；如果相邻两孔的应力波产生叠加，则将有助于促进初始裂缝的发展；这些初始裂缝为预裂面的形成创造了有利的导向条件。

在爆生高压气体的作用阶段，其随后产生的高温高压爆生气体开始作用到孔壁上，使得炮孔周围形成准静态应力场，且爆生气体作用时间要比应力波长得多；在爆生气体准静压力的作用下，相邻炮孔连线方向上将产生很大的拉应力，孔壁两侧产生的拉应力集中，使得原初始裂缝进一步延伸扩展；如果相邻炮孔间的距离适当，则可在两孔之间形成平整的贯穿裂缝面。

此外，如果相邻孔间的距离很小，则爆生气体在两孔之间连线方向上产生的拉应力将达到足以拉断岩石的程度，即使爆炸应力波没有产生初始裂缝，单靠高压气体的作用也能使岩石断裂。如果应力波产生了初始裂缝，则高压爆生气体的渗入，将使初始裂缝尖端产生“气楔”效应，不仅能形成爆炸贯通裂缝，还可以使裂缝有一定的宽度。因此，爆生气体准静压力作用是预裂缝最终形成的基本条件，起着主导作用。

假设在预裂爆破时，炮孔围岩是连续均质各向同性的完全弹性体，则可以将爆生气体的准静压力作用近似看成是弹性力学理论中受均布内压力作用的力学模型。

按炸药的凝聚状态方程，爆生气体充满炮孔时的准静压力为：

$$p_{\mathrm{d}} = p_{\mathrm{k}} \cdot \left(\frac{p_{\mathrm{c}}}{p_{\mathrm{k}}}\right)^{\frac{K}{n}} \cdot \left(\frac{V_{\mathrm{c}}}{V_{\mathrm{b}}}\right)^{K}$$

式中　p_{d}——准静压力；

p_{k}——临界压力；

p_{c}——爆轰初始压力；

n——爆轰气体的多变指数；

V_{c}——装药体积；

K——理想气体的绝热指数；

V_{b}——炮孔体积。

2.3.2　裂纹扩展条件

根据断裂力学理论，按力学特征不同，裂纹可分为张开型（Ⅰ型）、滑开型（Ⅱ型）和撕开型（Ⅲ型）裂纹三种。

（1）张开型（Ⅰ型）：在与裂纹面正交的拉应力作用下，裂纹面产生张开位移而形成的一种裂纹。

（2）滑开型（Ⅱ型）：在位于裂纹面内且与裂纹尖端线垂直的剪应力作用下，裂纹面产生沿该剪应力方向的相对滑动而形成的一种裂纹。

（3）撕开型（Ⅲ型）：在位于裂纹面内且与裂纹尖端线平行的剪应力作用下，裂纹面产生沿裂纹面外的相对滑动而形成的一种裂纹。

根据预裂爆破成缝理论，预裂爆破中的裂纹主要是在张开型裂纹和滑开型裂纹的综合作用下形成的，尤其是张开型裂纹起主导作用。对于张开型（Ⅰ型）裂纹，裂纹发生由失稳到扩展的断裂判据为：

$$K_{\mathrm{I}} \geqslant K_{\mathrm{Ic}}$$

式中　K_{I}——Ⅰ型裂纹尖端的应力强度因子；

$K_{\mathrm{I c}}$——岩石相应于Ⅰ型裂纹的临界断裂韧度值，表示岩石阻止张开型裂纹扩展的能力。

2.3.3　裂缝的起裂

根据岩石断裂力学理论，用来描述裂纹尖端应力场奇异性大小的一个量——应力强度因子（K_{I}），是线弹性断裂力学的基础，其依赖于载荷的配置及裂纹的几何尺寸。应力在裂纹尖端有奇异性，而应力强度因子在裂纹尖端为有限值。

当裂缝端部应力强度因子 K_{I} 大于岩石断裂韧性 $K_{\mathrm{I c}}$（与固体材料特性有关的值）时，即开始起裂；反之，则止裂。以预裂炮孔孔壁对称裂纹为例，如图 2-2 所示的断裂力学模型，在裂纹扩展过程中，裂纹尖端处的应力强度因子为：

$$K_{\mathrm{I}} = F \cdot \sqrt{\pi(r+a)} \cdot p + \sigma_{\theta} \cdot a \cdot \sqrt{\pi a}$$

由于残余切向拉应力 σ_{θ} 远小于爆生气体压力 p，故忽略其影响，上式变成：

$$K_{\mathrm{I}} = F \cdot \sqrt{\pi(r+a)} \cdot p$$

式中　r——炮孔半径；

a——裂缝长度；

F——应力强度因子修正系数，它是炮孔半径和裂缝长度的函数，$F=f[(r+a)/r]$，其关系曲线如图 2-3 所示，从图中可知，F 值随裂纹扩展长度的增加而增大，当 $(r+a)/r<1.5$ 时，F 值变化较大，当 $(r+a)/r>1.5$ 时，F 值变化较小，并趋于 1.0。

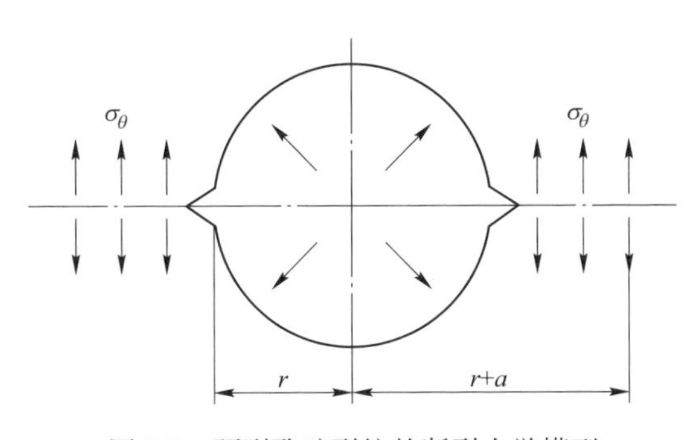

图 2-2　预裂孔壁裂纹的断裂力学模型

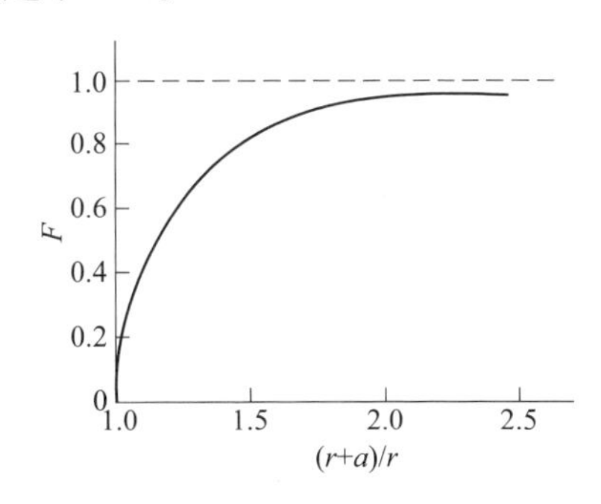

图 2-3　F 值曲线

起裂前，预制裂纹尖端处的应力强度因子为：

$$K_{\mathrm{I c}} = F \cdot \sqrt{\pi(r+a_0)} \cdot p_0$$

式中　p_0——炮孔初始压力；

a_0——起始裂缝长度。

当以 $K_{\mathrm{I c}}$ 来表示岩石的断裂韧性时，起裂条件为：$p_0 > \dfrac{K_{\mathrm{I c}}}{F \cdot \sqrt{\pi(\gamma+a_0)}}$。

2.3.4　裂缝的扩展与止裂

Oucterlony 研究表明，对于有 n 条径向裂纹的圆孔在内压作用下的开裂，当裂纹很短时，如 $a \leqslant 0.05r$（r 为孔半径，a 为裂纹深度），裂纹开始扩展的临界压力 p 与裂纹数无关。

$$p = \frac{K_{\mathrm{I}c}}{2.24\sqrt{\pi a}}$$

实践证明，当炮孔内压力太高时，天然微裂纹在扩展后，使得孔壁周围形成很多裂纹，不利于预裂成缝；同时，由于孔壁被压碎，爆炸气体产物无法进入张开的裂纹，导致应力强度因子 K_{I} 随裂纹长度的增加，很快就衰减了。若能避免这种情况，则可以大大增加孔间距。

从静态 $K_{\mathrm{I}c}$ 的观点出发，裂纹一旦扩展，将沿垂直于最大拉应力的方向传播。随着裂纹向炮孔周边的扩展，爆生气体开始楔入裂纹内，并将持续作用一段时间。随着岩石内空腔体积的增大，加之爆生气体的泄漏等，当裂纹扩展到长度 a（cm）时，孔壁压力逐渐降低为 p_{I}。此时，如果裂纹尖端区域内的应力强度因子 $K_{\mathrm{I}} \leqslant K_{\mathrm{I}a}$（岩体动态平面应变断裂韧性值），则裂纹就会停止扩展，即发生裂纹的止裂。

假设爆生气体楔入的长度与裂纹扩展的长度相等，并考虑气体从裂纹中泄漏的影响，取孔壁压力衰减指数为 1.5，张继春等给出 p_{I} 的表达式：

$$p_{\mathrm{I}} = p\left(\frac{r}{a}\right)^{1.5}$$

实践证明，爆生气体在楔入裂纹过程中会受到破裂面的摩擦阻力作用，使得裂纹内各径向点上的气体压力值并不相等。为计算方便，这里可近似认为岩体破裂受到的气体张力与炮孔内的气体压力相等，则裂纹尖端在止裂瞬时的应力强度因子表达式为：

$$K_{\mathrm{I}} = F_{\mathrm{I}} \cdot p_{\mathrm{I}} \cdot \sqrt{\pi(r+a)}$$

式中，F_{I} 值在 0.2~1；当气体楔入整个裂纹中，且 $a \geqslant 3r$ 时，$F_{\mathrm{I}} = 1$。

由此得出裂纹的止裂条件：

$$F_{\mathrm{I}} \cdot p \cdot \left(\frac{r}{a}\right)^{1.5} \cdot \sqrt{\pi(r+a)} < K_{\mathrm{I}d}$$

2.3.5　裂纹扩展与岩性的关系

岩性分为均质体和非均质体。对于均质体，爆炸裂纹的扩展速度在 300~1000 m/s，如图 2-4 所示。在爆炸应力波的作用下，初始裂纹的扩展速度较快；当应力波脱离裂纹断面向外传播时，裂纹的扩展速度开始降低；当爆生气体高速楔入时，裂纹的扩展速度再次增加，加快了裂隙的扩展，最终贯穿成缝。

对于非均质体，孔间裂纹的扩展从孔壁开始，向弱面发展。爆炸应力波正入射作用在炮孔周边的自然裂纹（结构弱面）上，应力波在反射后将在自然裂纹（结构弱面）处形成拉应力区，其在结构弱面处的反射形成了有利于破岩的预应力场，同时在爆生气体的“气楔”作用下，使得裂纹的扩展第二次加速，最终在孔间岩石的拉伸作用下，断裂形成较规则的断裂面。由于爆炸应力波、爆生气体的作用会受到结构弱面的影响，因此非均质体中裂纹的扩展速度较均质体中的扩展速度慢（图 2-5），而且裂纹随着双孔连线夹角 α 的变化而有所不同。

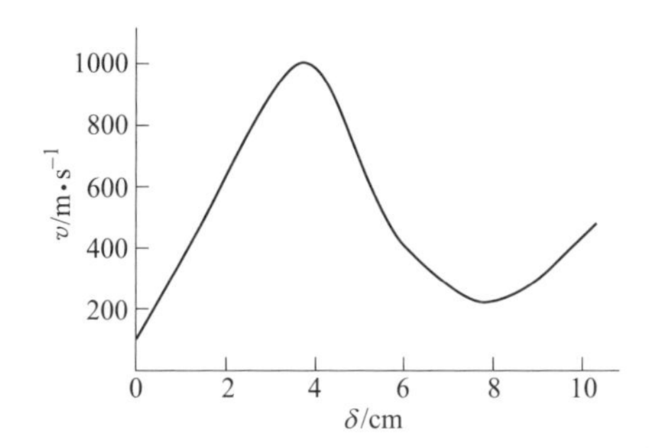

图 2-4　均质岩体裂纹扩展的平均速率

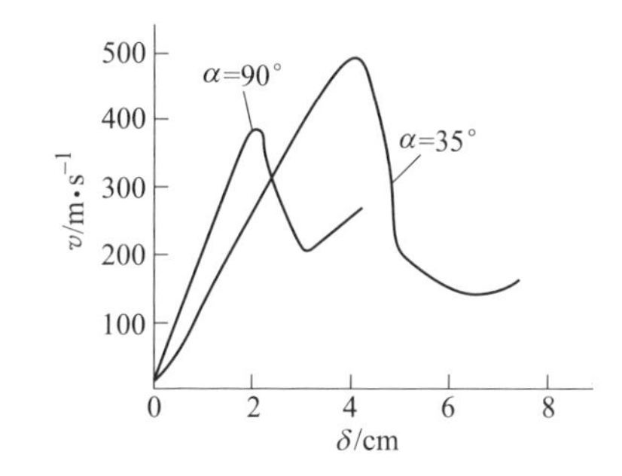

图 2-5　非均质岩体裂纹扩展的平均速率

对于复杂层状岩体，由于其结构弱面处于最不利位置，因此当相邻两孔同时起爆时，倾斜入射裂纹的爆炸应力波将首先以垂直于弱面的方向到达弱面，裂纹的扩展将止裂于弱面处，形成“之”字形不规则断裂面。在非均质层状岩体中实施预裂爆破时，一般难以形成理想的预裂面，只能从爆破工艺方面采取如控制孔壁初始裂纹发展方向的控制措施来实现预裂爆破的目的。

2.4　预裂孔壁压力计算

保证预裂爆破成功的必要条件是孔壁压力不会压坏孔壁，并在预定方向上形成具有一定宽度且连续的预裂缝。炸药爆炸产生的孔壁压力范围，需要满足既超过岩石的动态抗拉强度，又小于岩石的动态抗压强度。

对于预裂爆破，需在爆炸应力波作用下在孔壁周围产生一定数量的初始裂隙，并应保持孔壁不被压碎，减少孔壁周围粉碎区的面积。这时，孔壁的初始压力不应大于岩石的极限抗压强度：

$$p_0 \leqslant \sigma_c$$

式中　p_0——孔壁初始压力；

σ_c——岩石的极限抗压强度。

爆炸初始裂缝是受拉破坏而形成的；当相邻炮孔起爆后在炮孔连心线方向上

由于应力集中产生的叠加切向拉应力 σ_θ 超过岩石的动态抗拉强度 σ_{td}时，即可产生预裂缝，满足条件：

$$\sigma_\theta \geqslant \sigma_{td} = \xi\sigma_t$$

式中　σ_θ——相邻炮孔集中的切向拉应力，MPa；

σ_{td}——岩石的动态抗拉强度，MPa；

ξ——岩石抗拉动载荷系数，取值见表 2-1；

σ_t——岩石的静态抗拉强度，MPa。

表 2-1　岩石抗拉动载荷系数

σ_t/MPa	>20	15~20	10~15	5~10	<5
ξ	>2	1.8~2	1.6~1.8	1.4~1.6	<1.4

初始裂缝在爆炸应力波和爆生气体的作用下所能扩展的长度是有限的。当相邻炮孔之间的拉应力小于岩石的动态抗拉强度，即 $\sigma_\theta<\sigma_{td}$时，不足以使裂缝进一步扩展，裂纹会停止发展。当相邻炮孔间距在裂缝所能扩展的长度范围内时，裂缝会相互贯通。

炮孔压力是决定预裂爆破效果最主要的因素，炮孔压力太小，应力波传播在岩石中的峰值压力必然也小，不容易形成预裂缝；炮孔压力过大，往往会破坏周围岩石，并在非预裂线方向上产生较多裂缝。

爆生气体初始平均压力 p_0 可以表示为：

$$p_0 = \frac{\rho_e D^2}{20(k+1)}$$

式中　p_0——爆生气体初始平均压力，Pa；

ρ_e——炸药密度，kg/m³；

D——炸药爆速，m/s；

k——炸药绝热等熵指数，通常取 3。

对于空气不耦合预裂爆破，当 $p<p_1$ 时，爆生气体在孔内膨胀时存在以下关系：

$$pV_g^\gamma = \text{costant}$$

式中　p——爆生气体膨胀瞬时压力，MPa；

p_1——临界压力，通常取 200 MPa；

V_g——爆生气体膨胀瞬时体积；

γ——空气的绝热等熵指数，取 1.3。

设预裂孔体积装药密度为 q_V（单位体积装药量），则有 $V_e\rho_e = V_b q_V$。即：

$$\frac{V_e}{V_b} = \frac{q_V}{\rho_e}$$

式中 V_b——炮孔体积；

V_e——炸药体积；

q_V——体积装药密度。

对于间隔不耦合装药，设当量不耦合系数（等效不耦合系数）为 K_d。

这时有：

$$q_V = \frac{\rho_e d_e'^2 l}{d_b^2 L} = \frac{\rho_e}{K_d^2}$$

式中 d_e'——等效连续装药炸药直径；

d_b——预裂孔直径；

l——装药长度；

L——炮孔长度；

K_d——当量不耦合系数，$K_d = \frac{d_b}{d_e'} = \frac{d_b}{d_e}\sqrt{\frac{L}{l}}$（炮孔直径/连续药卷等效直径）；

ρ_e——炸药密度。

根据上述计算，体积装药密度 q_V、当量不耦合系数 K_d 与线装药密度 q_L 之间的关系如图 2-6 和图 2-7 所示。

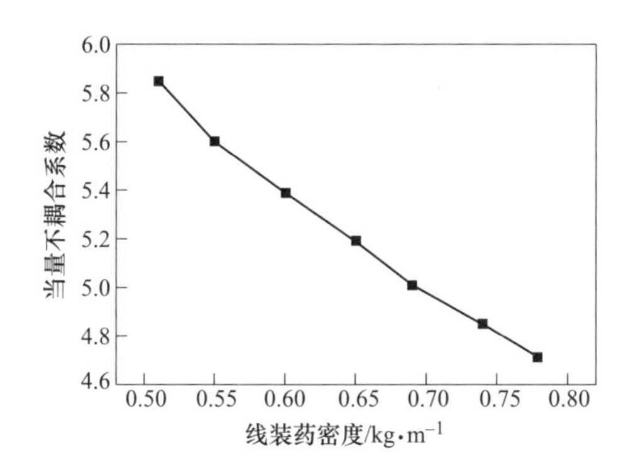

图 2-6 线装药密度与当量不耦合系数的关系

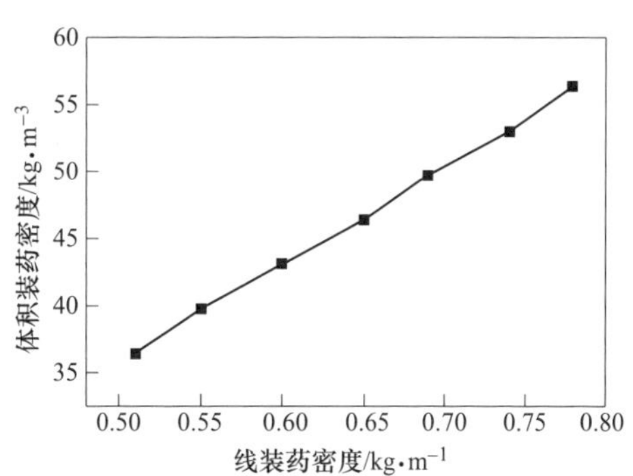

图 2-7 线装药密度与体积装药密度的关系

可知，随着线装药密度逐渐增大，当量不耦合系数逐渐减小。

假设爆生气体膨胀至孔壁时的压力为 p_1，并设当气体压力为 p_1、p_1 和 p_0 时，相对应的体积为 V_b、V_1 和 V_e，计算可得：

$$p_1 = p_1 \cdot \left(\frac{p_0}{p_1}\right)^{\frac{\gamma}{k}} \cdot \left(\frac{V_e}{V_b}\right)^{\gamma}$$

则：

$$p_1 = \frac{p_1}{\rho_e^{\gamma}} \cdot \left(\frac{p_0}{p_1}\right)^{\frac{\gamma}{k}} \cdot q_V^{\gamma}$$

在空气不耦合装药结构中，爆轰产物在炮孔内等熵膨胀，膨胀初始压力为平均爆轰压力；同时当气体与孔壁碰撞时，压力增大，作用在孔壁上的综合压力 p_Δ 为：

$$p_\Delta = C_f \cdot p_1 = C_f \cdot \frac{p_1}{\rho_e^\gamma} \cdot \left(\frac{p_0}{p_1}\right)^{\frac{\gamma}{k}} \cdot \left(\frac{\rho_e}{K_d^2}\right)^r$$

式中　C_f——空气冲击波碰撞压力增压系数，取 1.2。

根据上式，得到孔壁压力分别与当量不耦合系数 K_d 和线装药密度的关系，如图 2-8 和图 2-9 所示。

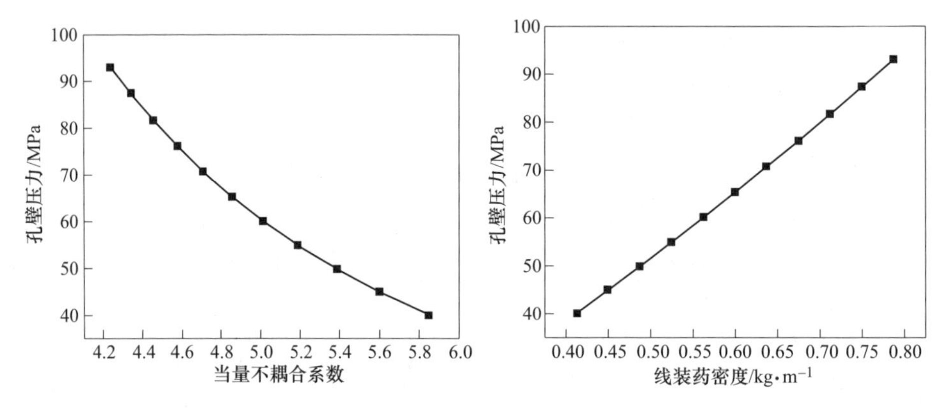

图 2-8　当量不耦合系数与孔壁压力的关系　　图 2-9　线装药密度与孔壁压力的关系

由图 2-8 可知，随着当量不耦合系数 K_d 的不断增加，孔壁压力呈现逐渐减小趋势，且孔壁压力大于岩体的动态抗拉强度，小于岩体的动态抗压强度；同时，K_d 越大，孔壁压力越小，则预裂缝长度也越小。由图 2-9 可知，随着线装药密度的增大，当量不耦合系数 K_d 减小，孔壁压力反映出逐渐增加趋势，即增加炮孔装药量，有助于增大孔壁压力，相应的可以促进预裂缝的延伸。

根据炸药、矿岩力学参数，结合推导得到的孔壁压力理论计算公式，可以得出预裂爆破线装药密度的理论取值范围。这里，理论计算值没有考虑现场岩体裂隙、节理、风化程度等影响因素，可以作为现场预裂爆破参数选择的基础依据，对于最终的参数取值，需要根据现场试验，进一步优化得出最适宜的预裂爆破参数。

2.5　预裂缝对爆破地震波的影响

2.5.1　爆破地震波的产生

炸药在炮孔中的爆炸瞬间，爆轰波和高温高压的爆生气体作用于孔壁上，在炮孔周围的岩体中激起爆炸应力波。爆炸应力波最初是以冲击波的形式在岩体中沿径向传播，并随传播距离的增加而不断衰减，波的性质和形状也产生相应的变化，整体可以分为三种类型，依次为冲击波、应力波和地震波，如图 2-10 所示。

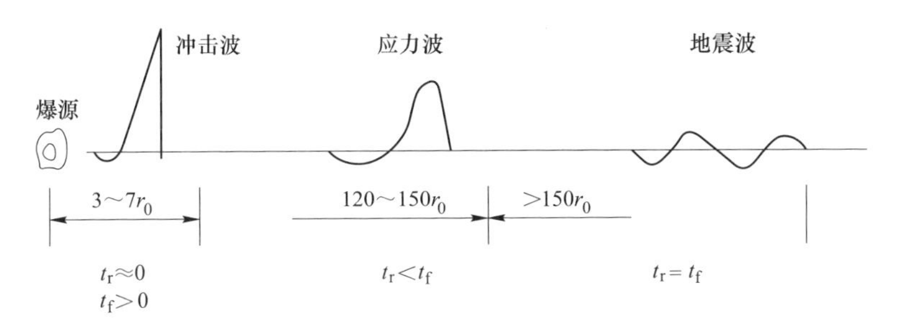

图 2-10 爆炸应力波及其作用范围

t_r—应力增至峰值的上升时间；t_f—由峰值应力降至零时的下降时间；r_0—装药半径

（1）冲击波。距离爆源 3~7 倍药包半径的范围为冲击波作用区。冲击波的强度极大，以超声速传播，波阵面上的介质状态参数由于发生突变而形成陡峭的波峰，波峰压力一般远大于岩石的动态抗压强度，使岩石产生塑性变形或粉碎，从而消耗了大部分的能量，冲击波的参数也发生急剧的衰减。

（2）应力波。随着冲击波能量的损耗，爆炸冲击波逐渐衰减成不具有陡峻波峰的应力波。应力波波阵面上的状态参数变化得比较平缓，波速接近或等于岩石中的声速，岩石的状态变化所需的时间远远小于其恢复到静止状态所需的时间。在应力波的作用下，岩石处于非弹性状态，岩石产生变形可导致岩石的破坏或残余变形。应力波的作用范围可达到 120~150 倍药包半径的距离，该区称为应力波作用区或压缩应力波作用区。

（3）地震波。在应力波以外的区域，波的强度进一步衰减，成为弹性波或地震波；波的传播速度等于岩石中的声速，波阵面上的介质状态参数基本不发生改变。地震波只能引起岩石质点产生弹性振动，而不能使岩石发生破坏；岩石质点离开静止状态的时间等于它恢复到静止状态所需的时间，因此也称为弹性地震波。地震波的作用范围一般超过 150 倍的药包半径，其特点是衰减速度缓慢，传播范围广。

2.5.2 爆破地震波的类型

爆破地震波是由多种波型组成的复杂波系。根据传播途径的不同，可分为体波和面波。在岩土介质内部传播的爆破地震波称为体波；在岩土介质分界面传播的波称为面波。

依据质点运动方向的不同，体波可以分为纵波（P 波）和横波（S 波），其中横波分为 SH 波和 SV 波；面波可分为勒夫波（L 波）和瑞利波（R 波），如图 2-11 和图 2-12 所示。

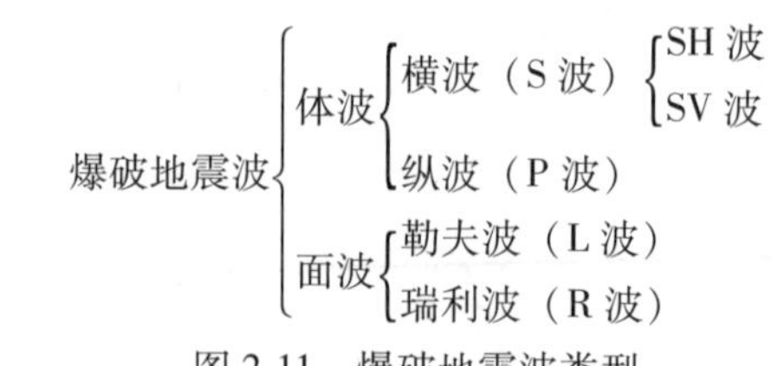

图 2-11　爆破地震波类型

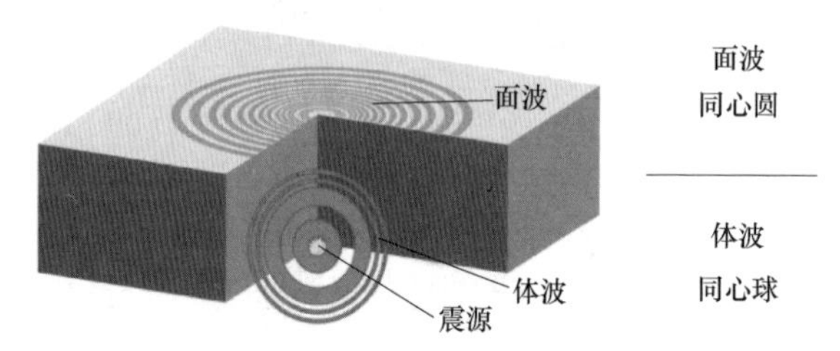

图 2-12　爆破地震波示意图

2.5.2.1　纵波（P 波）

纵波也称 P 波（primary wave，初波）或压力波（pressure wave），介质的质点振动方向与波的能量传播方向（波的前进方向）平行。纵波在传播时，介质的密度会加密和变疏，其体积的大小会发生变化，但形态不改变。P 波能在固体、液体或气体中传递。

P 波具有传播周期短、振幅小等特点。在纵波的作用下，岩体介质发生压缩和拉伸，能够引起地面上下颠簸震动（图 2-13）。纵波在所有地震波中拥有最快的传播速度，也最早抵达观测点，传播速度可达 5～6 km/s。纵波运动速度与岩体介质密度、弹性模量等物理力学参数有关；在无限介质的三维传播情况下，纵波的传播速度公式为：

$$c_P = \sqrt{\frac{E(1-\nu)}{\rho(1+\nu)(1-2\nu)}}$$

式中　c_P——纵波的运动速度，m/s；

ρ——岩体介质的密度，kg/m³；

E——介质的弹性模量，kPa；

ν——岩体介质的泊松比。

2.5.2.2　横波（S 波）

横波是质点的运动方向与波的运动方向垂直的波。横波只能在固体中传递。

横波具有传播周期长、振幅大的特点。在横波的作用下，岩体介质发生剪切破坏。地震波直接入射地面，横波表现为左右摇晃，能引起地面水平晃动（图 2-14）。另外，横波的振幅比纵波大，其破坏力大，横波的水平晃动力是造成建筑物破坏的主要原因。

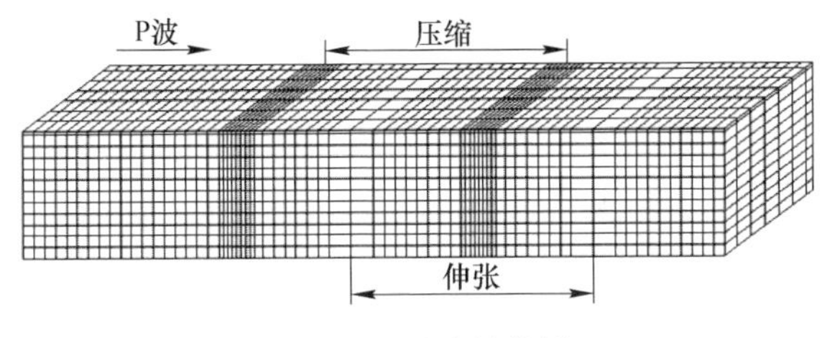

图 2-13 纵波的传播

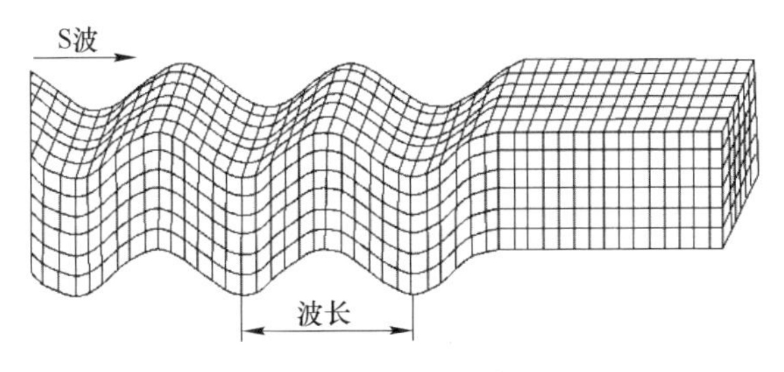

图 2-14 横波的传播

S 波在分界面可以被分解为 SV 波和 SH 波，其运动平面分别垂直和平行于 S 波分界面。横波的传播速度较慢，一般为 3~4 km/s，前进速度仅次于 P 波。横波的计算公式为：

$$c_S = \sqrt{\frac{E}{2\rho(1+\nu)}} = \sqrt{\frac{G}{\rho}}$$

式中 c_S——横波的运动速度，m/s；

G——介质的剪切模量，kPa。

2.5.2.3 瑞利波（R 波）

瑞利波（rayleigh wave），是一种常见的界面弹性波，是沿半无限弹性介质自由表面传播的偏振波；质点在波的运动方向和自由面法向相交而成的平面内做逆进椭圆运动。瑞利波因由 L. 瑞利于 1887 年首先指出其存在而得名。

R 波是 P 波与 SV 波干涉的结果。在震源附近，不会出现瑞利波。从震源产生的纵波在距离震源 $r_1 = c_R \cdot h \cdot \sqrt{c_1^2 - c_R^2}$ 后，才形成瑞利波；由爆源射出的横波在距离震源 $r_2 = c_R \cdot h \cdot \sqrt{c_2^2 - c_R^2}$ 后，才形成瑞利波。其中，c_R 为瑞利波波速；h 为震源深度；c_1、c_2 分别为纵波波速和横波波速。瑞利波沿二维自由表面扩展，在距波源较远处，其摧毁力要比沿空间各方向扩展的纵波和横波大得多。

瑞利波的质点运动轨迹在均匀介质中为逆时针方向，呈椭圆极化。在表层附近，质点的运动轨迹为椭圆；在离表面为 0.2 个波长的深度以下，其运动轨迹仍为椭圆，但运动方向与表层相反。在自由表面上，质点沿表面法向的位移约为切向位移的 1.5 倍。在瑞利波的作用下，岩体介质将发生拉伸和剪切变形。

瑞利波的振动频率低、能量衰减较慢，振幅会随着深度的增加呈指数型衰减。由于瑞利波被限制在表面附近，因此随着距表面距离的增加，其平面内的振幅仅为 $1/\sqrt{r}$ 。

在成层的弹性体空间中，瑞利波的波速与频率无关，只与介质的弹性常数有关；在均匀的弹性体空间中，瑞利波的波速与频率无关，为同介质中横波波速的 0.862~0.955 倍。

瑞利波的速度略低于剪切波，取决于材料的弹性常数。金属中瑞利波的典型速度为 2~5 km/s，地面典型瑞利速度为 50~300 m/s。对于正泊松比 $\mu>0$ 的线性弹性材料，瑞利波速可以近似为：

$$c_R/c_S = \frac{0.862 + 1.14\nu}{1 + \nu}$$

虽然瑞利波的传播速度最慢，但是由于它在传播过程中携带的能量最多，因而是造成地面振动破坏的重要来源之一（图 2-15）。

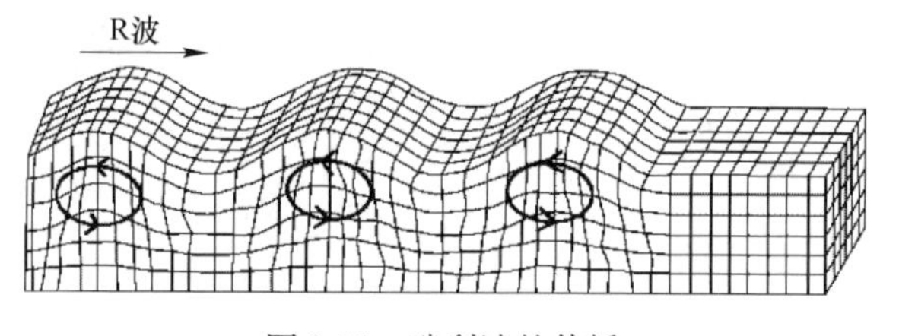

图 2-15　瑞利波的传播

2.5.2.4　勒夫波（L 波）

勒夫波（love wave），是质点在波运动方向的垂直界面内发生剪切振动的波；在垂直面上，粒子呈逆时针椭圆形振动。在半无限介质之上出现低速层的情况下，是一种垂直于传播方向的在水平面内振动的波。由于其振动平行于地面，因此会导致地面发生一种呈蛇形状前进的横向波动。由于此现象是英国科学家 A. E. H. Love 最早发现的，故名勒夫波，也称 L 波。

勒夫波是由弹性层引导的许多剪切波（S 波）干涉的结果。在地震学中，勒夫波是在地震期间引起地球水平移动的地震波。当表层较薄时，会出现很强的勒夫波。L 波的威力要大于 P 波和 S 波，是造成建筑物强烈破坏的主要因素。由于勒夫波在地球表面上行进，因此波的强度（或振幅）随着地层深度的增加而呈指数衰减。

勒夫波的传播速度较慢，介于最上层横波波速与最下层横波波速之间，以比 P 波或 S 波更低的速度行进，但比瑞利波快（图 2-16）。此外，勒夫波的波速还与其振动频率以及波长有关。

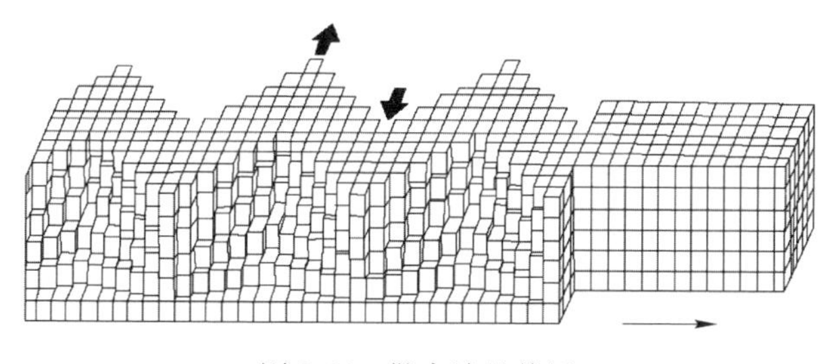

图 2-16　勒夫波的传播

勒夫波的主要特点如下：

（1）勒夫波产生在层状介质表面，且在薄层内的 S 波传播速度 v_{S1} 低于层下的 S 波传播速度 v_{S2}，即 $v_{S1}<v_{S2}$；

（2）勒夫波是一种 SH 型波，其振动方向与界面平行；

（3）速度 v_L 满足 $v_{S1}<v_L<v_{S2}$，存在频散现象；

（4）勒夫波具有多种模式，其中基模式能量占优。

2.5.3　预裂缝对地震波传播的影响

2.5.3.1　地震波的反射与折射

当爆破地震波传播至预裂缝时，由于传播介质发生变化，因此在介质的分界面处将产生反射和折射现象。当应力波遇到界面时，存在一部分波改变方向，但不透过界面，其仍在入射介质中传播的现象称为反射；当波从一个介质穿过界面进入另一介质，入射线由于波速的改变，而改变传播方向的现象称为透射。

当爆破地震波传到不同介质的分界面时，无论是纵波还是横波，均要发生反射和透射。当入射波为纵波（P）时，一般要激发四种波，即反射纵波、反射横波、透射纵波和透射横波。部分地震波的能量被反射出去，引起地震波能量的衰减，从而起到削弱爆破振动的作用。

当爆破地震波以一定角度倾斜穿过预裂缝时，由于经历两次波阻抗分界面，因此反射波和折射波的传播方向都会相继产生变化。以平面矢量 P 波为例（图 2-17），根据 Zoeppritz 方程可知，P 波在倾斜入射预裂面时，将分解为反射纵波 R_{P1}、反射横波 R_{S1}、透射纵波 T_{P1}、透射横波 T_{S1}；当透射波再次穿过预裂面时，横波 T_{S1}将分解为反射纵波 R_{P12}、反射横波 R_{S12}、透射纵波 T_{P12}、透射横波 T_{S12}，纵波 TP_1 将分解为反射纵波 R_{P22}、反射横波 R_{S22}、透射纵波 T_{P22}、透射横波 T_{S22}。根据斯涅尔原理（Snell），满足以下关系：

$$\frac{v_{RP1}}{\sin\beta_1}=\frac{v_{RS1}}{\sin\alpha_1}=\frac{v_{TP1}}{\sin\beta_2}=\frac{v_{TS1}}{\sin\alpha_2}$$

式中　α_1，β_1——分别表示反射横波、反射纵波与自由面法线方向间的夹角；

α_2，β_2——分别表示折射横波、折射纵波与自由面法线方向间的夹角。

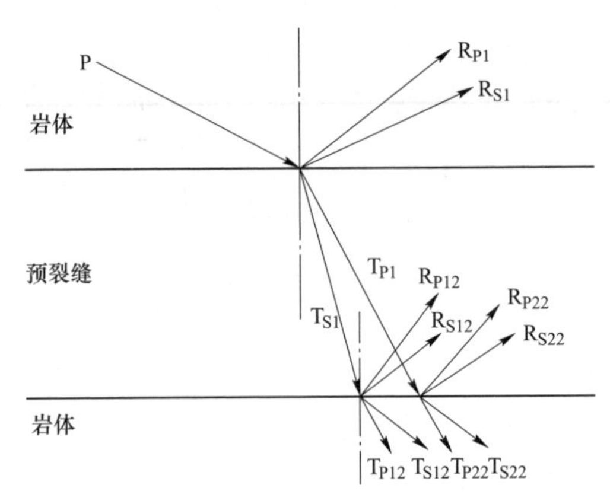

图 2-17　P 波倾斜入射时的传播特性

波的反射部分和透射部分的应力波的形状变化取决于不同介质的边界条件。根据界面连续条件和牛顿第三定律，分界面两边的质点运动速度相等，应力也相等。

$$\sigma_i + \sigma_r = \sigma_t$$

$$v_i + v_r = v_t$$

式中　σ，v——分别代表应力和质点的运动速度；

下角标 i，r，t——分别代表入射、反射和透射波。

假设传播的应力波为纵波，则：

$$v_i = \frac{\sigma_i}{\rho_1 c_{P1}};v_r = -\frac{\sigma_r}{\rho_1 c_{P1}};v_t = \frac{\sigma_t}{\rho_2 c_{P2}}$$

计算可得：

$$\sigma_r = \sigma_i \frac{\rho_2 c_{P2} - \rho_1 c_{P1}}{\rho_2 c_{P2} + \rho_1 c_{P1}}$$

$$\sigma_t = \sigma_i \frac{2\rho_2 c_{P2}}{\rho_2 c_{P2} + \rho_1 c_{P1}}$$

式中　ρ_1，ρ_2——分别表示两种不同介质的密度，kg/m^3；

c_{P1}，c_{P2}——分别表示两种不同介质的纵波传播速度，m/s。

设反射系数 F：

$$F = \frac{\rho_2 c_{P2} - \rho_1 c_{P1}}{\rho_2 c_{P2} + \rho_1 c_{P1}}$$

透射系数 T：

$$T = \frac{2\rho_2 c_{P2}}{\rho_2 c_{P2} + \rho_1 c_{P1}}$$

显然：

$$1 + F = T$$

可以看出，T 值始终为正，故透射波与入射波总是同号，而 F 的正负则取决于两种介质波阻抗的相对大小。

（1）若 $\rho_2 c_{P2} > \rho_1 c_{P1}$，$F>0$，则反射波和入射波同号，压缩波反射仍为压缩波，反向加载。

（2）若 $\rho_2 c_{P2} = \rho_1 c_{P1}$，$F=0$，$T=1$，则此时入射的应力波在通过交界面时没有发生波的反射，入射的应力波全部透射入第二种介质，说明分界面两边的介质材料完全相同，无能量的损失。

（3）若 $\rho_2 c_{P2} < \rho_1 c_{P1}$，$F<0$，则反射波和入射波异号，只要分界面能保持接触，不产生滑移，就既会出现透射的压缩波，也会出现反射拉伸波。

（4）若 $\rho_2 c_{P2} = 0$，则类似于当入射应力波到达自由面时，$\sigma_t = 0$、$\sigma_r = -\sigma_i$，在这种情况下，入射波全部反射成拉伸波（图 2-18）。

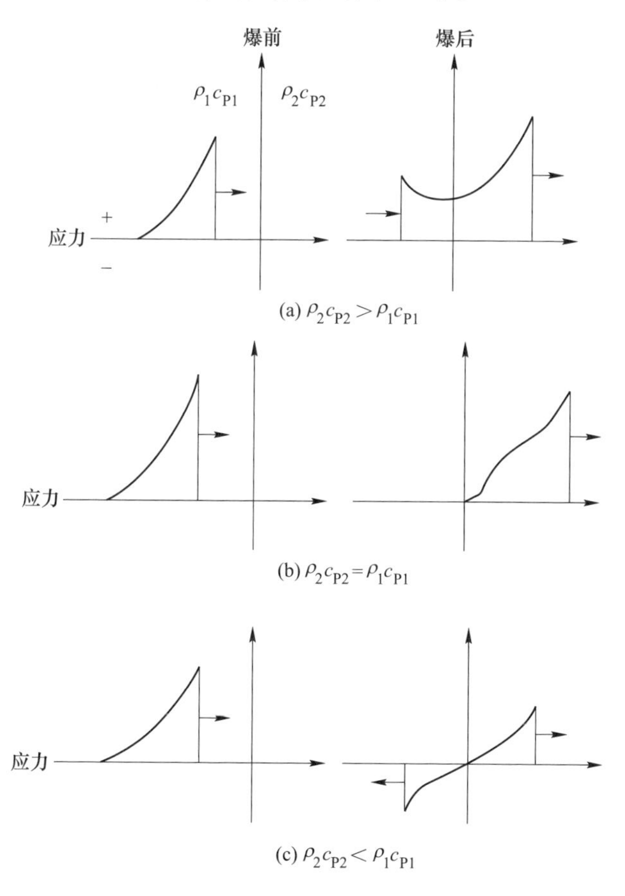

图 2-18　应力波反射类型图

由于岩石的抗拉强度远远低于岩石的抗压强度，因此后面两种情况都可能引起岩石破坏，尤其是后者，这充分说明了自由面在提高爆破效果方面的重要作用。

A　地震波的反射

a　纵波

当自由面上部为纵波时，纵波的入射角和反射波的入射角均为 α，而反射波生成的横波反射角为 β；同时，由反射波生成的横波反射角 β 与纵波的入射角 α 之间，根据光学的斯涅尔（Snell）法则，存在下列关系式：

$$\frac{\sin\alpha}{\sin\beta}=\frac{c_{\mathrm{P}}}{c_{\mathrm{S}}}=\frac{2(1-v)}{1-2v}$$

当纵波、横波在介质内部传播时，在介质中均要产生应力和应变。设通过自由面某点倾斜入射的纵波及其反射的纵波和横波引起的应力分别为 σ_{i}、σ_{r} 和 τ_{r}，则三者存在下列关系式：

$$\sigma_{\mathrm{r}}=R_0\sigma_{\mathrm{i}}$$

$$\tau_{\mathrm{r}}=[(R_0+1)\cot2\beta]\sigma_{\mathrm{i}}$$

$$R_0=\frac{\tan\beta\cdot\tan^2 2\beta-\tan\alpha}{\tan\beta\cdot\tan^2 2\beta+\tan\alpha}$$

式中　R_0——应力波的反射系数。

纵波的入射角 α 与反射系数 R_0 的关系如图 2-19 所示。

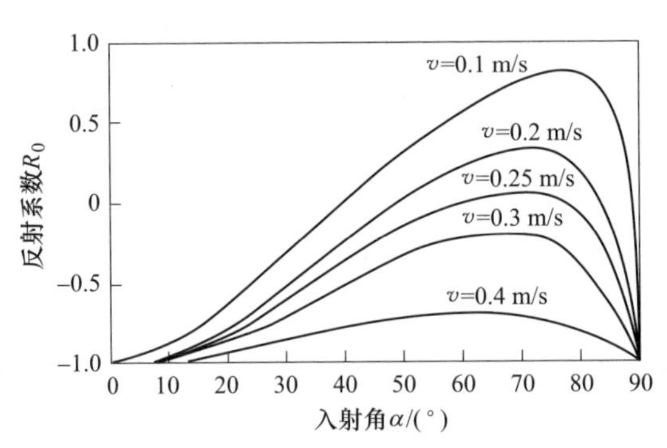

图 2-19　纵波入射角 α 与反射系数 R_0 的关系

R_0 为负值，表示纵向应力波方向发生反向变化，压缩波变为拉伸波，拉伸波变为压缩波。

当纵波倾斜入射时，自由面上质点的运动方向取决于三个波引起的质点位移的合成方向，如图 2-20 所示。

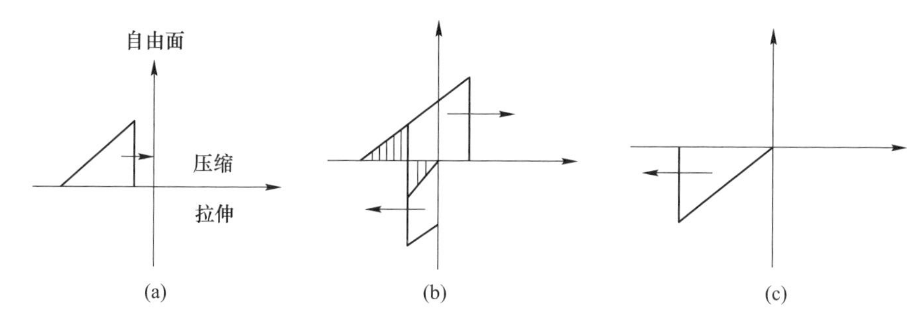

图 2-20　三角形从自由面反射时的应力

$$\bar{\alpha} = \arctan\left(\frac{\sum U}{\sum t}\right)$$

式中　$\sum U$——三个波引起的平行于自由面的质点位移的合成值；

$\sum t$——三个波引起的垂直于自由面的质点位移的合成值。

可以证明，横波反射角 β 与纵波入射角 α 之间存在下列关系：

$$\bar{\alpha} = 2\beta$$

当纵波垂直入射自由面时，$\alpha_i = 0°$，此时与自由面成垂直方向的应力合力必然为零，其相位发生 180°变化。即应力波若是以压缩波的形式传播，则其到达自由面时会发生反射，压缩波变为拉伸波，并向介质中返回。此时，自由面附近的应力状态如图 2-20 所示，设入射的三角波形为压缩波，从左向右传播，如图 2-20（a）所示，波在到达自由面之前，随着波的前进，介质承受压缩应力的作用，当波到达自由面时，立即发生反射；图 2-20（b）表示三角波正在反射过程中；图 2-20（c）表示波的反射过程已经结束。反射前后的波峰应力值和波形虽完全一样，但极性相反，由反射前的压缩波变为反射后的拉伸波，从原介质中返回。随着反射波的前进，介质在从原来的压缩应力下被解除的同时，承受拉伸应力。

b　横波

当入射波为横波时，在自由面上由入射波和反射波所引起的应力存在如下关系：

$$\tau_r = R_0 \tau_i$$

$$\sigma_r = [(R_0 - 1)\tan 2\beta]\tau_i$$

B　地震波的折射

根据地震波入射角度的不同，可以分为垂直入射和倾斜入射，二者将产生不同的折射效果。

a 垂直入射

当爆破地震波垂直入射到预裂缝时，其传播情况如图 2-21 所示。

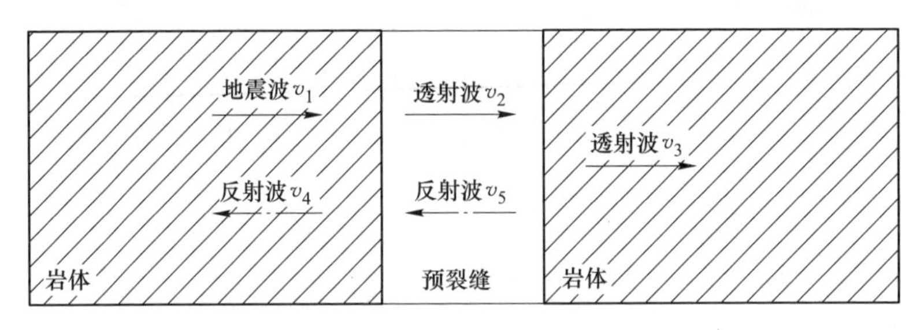

图 2-21 地震波垂直入射的传播情况

当地震波垂直入射预裂缝时，地震波的透射系数为：

$$R_t = 4\frac{k_Z}{(1 + k_Z)^2}$$

式中 R_t——透射系数；

k_Z——波阻抗比，$k_Z = Z_2/Z_1$，Z_1、Z_2 分别为预裂缝、预裂缝两侧岩体的波阻抗。

因此，爆破地震波的透射系数与波阻抗比有关。波阻抗比越大，透射系数越小，预裂缝的降震效果越好；波阻抗比越小，透射系数越大，预裂缝的降震效果越差。

b 倾斜入射

当地震波倾斜入射预裂缝时，地震波的透射系数为：

$$R_t = \frac{2Z_1Z_2}{\sqrt{4Z_1^2Z_2^2\cos^2(nL) + (Z_1^2 + Z_2^2)^2\sin^2(nL)}}$$

式中 n——预裂缝中地震波的波数，$n = 2\pi/\lambda$，λ 为波长；

L——预裂缝宽度。

可以看出，透射系数不仅与波阻抗 Z_1、Z_2 有关，还与预裂缝宽度相关。当 Z_1、Z_2 为定值时，$L = k\lambda/2$，R_t 有最大值，此时预裂缝的降震效果最差；当 $L = (1 + 2k)\lambda/4$ 时，R_t 有最小值，此时预裂缝的降震效果最好。R_t 的最小值、最大值以及范围分别为：

$$\begin{cases} R_{tmax} = 1, & L = k\lambda/2 \\ R_{tmin} < R_t < R_{tmax}, & \text{其他} \\ R_{tmin} = \dfrac{2Z_1Z_2}{Z_1^2 + Z_2^2}, & L = (1 + 2k)\lambda/4 \end{cases}$$

式中，$k = 1, 2, 3, \cdots, n$。

2.5.3.2 地震波的干涉与衍射

A 地震波的叠加干涉

当预裂缝内的透射波穿过预裂缝遇到下层预裂面时，将再次发生反射，与其他透射波在预裂缝相遇时会相互叠加而产生干涉现象。地震波在预裂缝处的干涉现象和振幅变化如图 2-22 和图 2-23 所示。

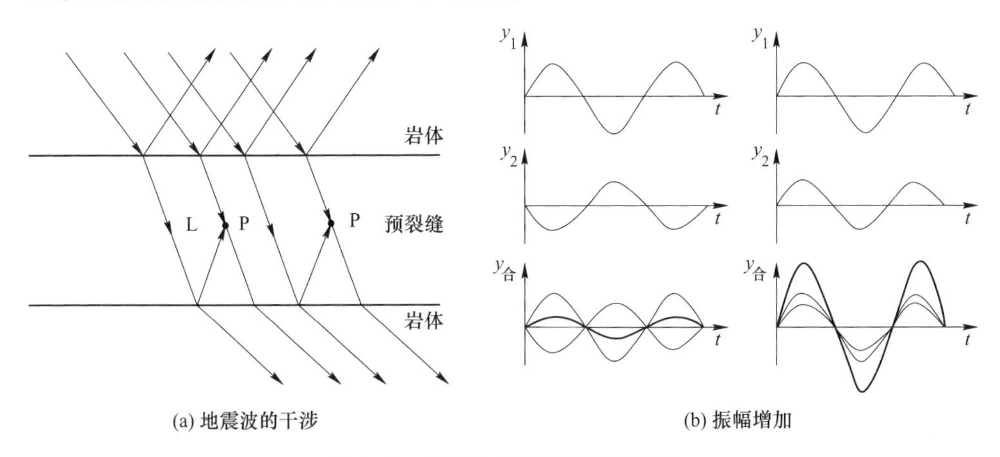

图 2-22 地震波在预裂缝处的干涉

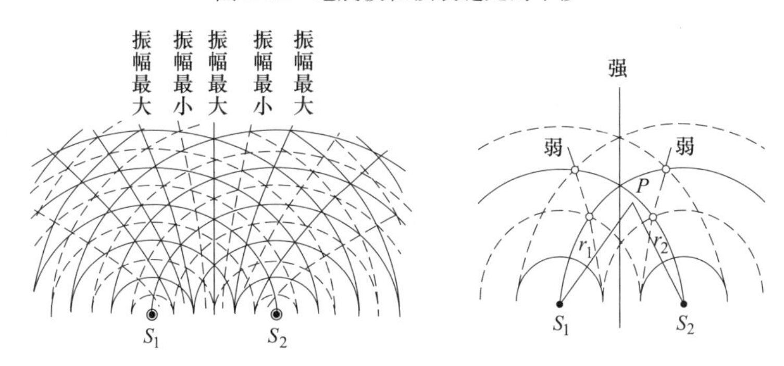

图 2-23 爆破地震波干涉图

设两相干波源 S_1、S_2 都做简谐振动，则二者在预裂缝处的振动方程分别为：

$$y_1 = A_1\cos(\omega t + \varphi_1)$$

$$y_2 = A_2\cos(\omega t + \varphi_2)$$

式中 A_1，A_2——分别为两列波的振幅；

φ_1，φ_2——分别为两列波在预裂缝处的初相。

若两列波分别经过 r_1、r_2 距离后在预裂缝内某一点 P 处相遇，则这两列波在 P 点引起的分振动分别为：

$$y_1 = A_1\cos\left(\omega t + \varphi_1 - \frac{2\pi r_1}{\lambda}\right)$$

$$y_2 = A_2\cos\left(\omega t + \varphi_2 - \frac{2\pi r_2}{\lambda}\right)$$

根据波的叠加原理，P 点的合振动为这两个分振动的合成，即：

$$y = y_1 + y_2 = A_1\cos\left(\omega t + \varphi_1 - \frac{2\pi r_1}{\lambda}\right) + A_2\cos\left(\omega t + \varphi_2 - \frac{2\pi r_2}{\lambda}\right)$$

合振动仍是简谐振动：

$$y = A\cos(\omega t + \varphi)$$

式中　A——合振动的振幅；

　　φ——合振动的初相位。

$$A = \sqrt{A_1^2 + A_2^2 + 2A_1A_2\cos\left(\varphi_2 - \varphi_1 - 2\pi\frac{r_2 - r_1}{\lambda}\right)}$$

$$\varphi = \arctan\frac{A_1\sin\left(\varphi_1 - \dfrac{2\pi r_1}{\lambda}\right) + A_2\sin\left(\varphi_2 - \dfrac{2\pi r_2}{\lambda}\right)}{A_1\cos\left(\varphi_1 - \dfrac{2\pi r_1}{\lambda}\right) + A_2\cos\left(\varphi_2 - \dfrac{2\pi r_2}{\lambda}\right)}$$

若 $\varphi_1=\varphi_2$，并令 $\Delta s=r_2-r_1$，表示两相干波从各自的波源到达 P 点时所经过的波程差，则：

当 A 最大时，$A=A_1+A_2$，此时，$\Delta s=r_2-r_1=k\lambda$，$k=0$，$\pm1$，$\pm2$，…

当 A 最小时，$A=|A_1-A_2|$，此时，$\Delta s=r_2-r_1=(2k+1)\dfrac{\lambda}{2}$，$k=0$，$\pm1$，$\pm2$，…

B　地震波的衍射

波可以绕过障碍物继续传播，这种现象称为波的衍射。当爆破地震波遇到预裂缝时，介质的不均匀变化导致波阵面发生畸形变化，产生地震波的衍射现象。根据柯西霍夫衍射理论，岩体中的地震波与预裂缝中的衍射波的比例系数 C 为：

$$C = -\frac{i}{\lambda} = \frac{e^{-i\pi/2}}{\lambda}$$

式中　i——虚数单位；

　　λ——波长。

可以看出，衍射波与岩体中的地震波相位差为 $\pi/2$。

2.6　岩石动态力学参数测试

炸药爆破是瞬间的岩体动态破坏过程，与岩石动态力学参数（如动态抗压强度和动态抗拉强度）关系密切。常用的岩石动态力学参数试验设备为 Hopkinson

压杆装置和轻气炮。

2.6.1　试验仪器

2.6.1.1　霍普金森杆

霍普金森杆（Hopkinson bar）是一种研究一维应力状态下材料动态力学性能的有效实验装置。通过应力波对试样进行冲击，可以计算动态冲击状态下测试试样的应力、应变、应变率、应变能、入射能、透射能、反射能、质点冲击速度和高 g 值等参数；通过该设备可以研究金属材料、复合材料、混凝土及岩石类各向异性材料和各向同性材料的动态力学性能参数（动态压缩强度、巴西圆盘动态拉伸强度等），也可对试样进行在不同外围约束力下的动态性能测试。

A　系统组成

Hopkinson 实验系统（SHPB）主要包括发射及控制系统、杆系及主体平台、数据采集系统、测速系统及分析软件等（图 2-24）。其中，发射系统包括发射体、储气室、炮管、法兰、撞击杆、高压气源等；控制系统采用 PLC 控制。装置中有两段分离的弹性杆，分别为输入杆（入射杆）和输出杆，短试样夹在两杆之间。

图 2-24　分离式 Hopkinson 压杆实验设备

B　基本原理

当枪膛中的打击杆（子弹）以一定速度弹入输入杆时，在输入杆中将产生一个入射脉冲，应力波通过弹性输入杆到达试件，试件在应力脉冲的作用下产生高速变形。

随着入射波传播通过试样，试样将发生高速塑性变形，并相应地在输出杆中传播一透射弹性波；透射波由吸收杆捕获，最后由阻尼器吸收（图 2-25）。

当应力波通过试件时，将同时产生反射脉冲（进入弹性输入杆）和透射脉冲（进入输出杆）。测速器可以获得子弹的打击速度，粘贴在弹性杆上的应变片，可记录应变脉冲计算材料的动态应力、应变参数。

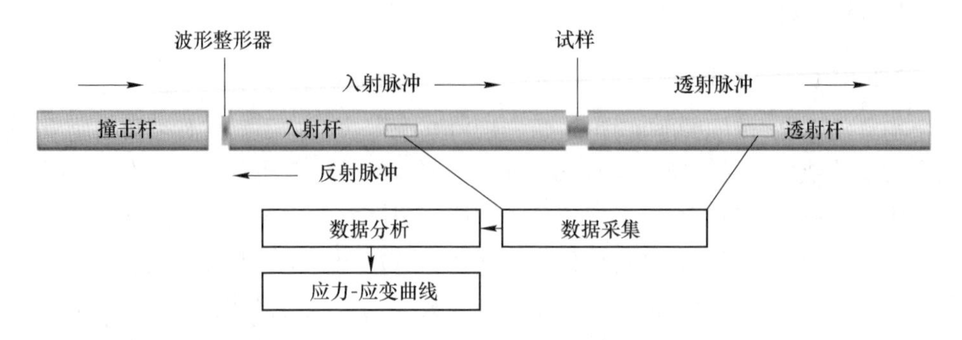

图 2-25　分离式 Hopkinson 压杆装置结构示意图

C　主要技术参数

试样的最大直径为 100 mm，应变率在 500~20000 s^{-1}，所使用的标准杆的直径在 4~100 mm，气源驱动压力在 0.2~15 MPa；子弹速度在 10~100 m/s，甚至更高。

2.6.1.2　轻气炮

冲击侵彻试验机又称“轻气炮”，为了区别于利用火药燃气作为发射工作气体的常规火炮，将采用轻质气体作为发射工作气体的火炮称为轻气炮（图 2-26）。

图 2-26　轻气炮

轻气炮是进行高速碰撞实验的专用设备，可以用来进行材料在高应变率（10^5~10^6 s^{-1}）下的力学性能研究。

A　结构组成

轻气炮主要由平台支撑、子弹、炮管、高压储气罐、发射装置（图 2-27）、高压气源、真空系统、防爆仓（图 2-28 和图 2-29）、安全防护装置、缓冲吸能靶、控制系统组成（表 2-2）。

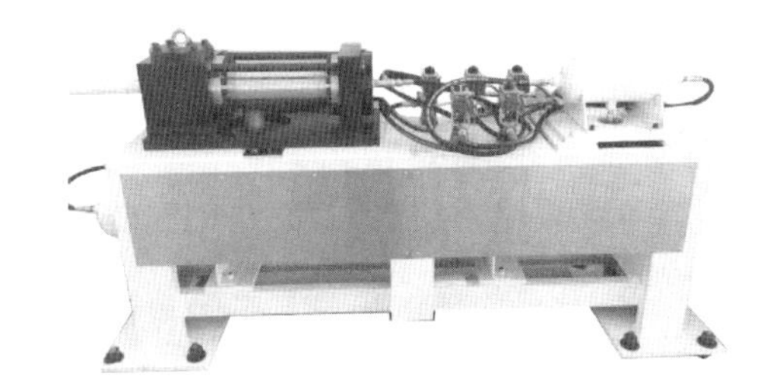
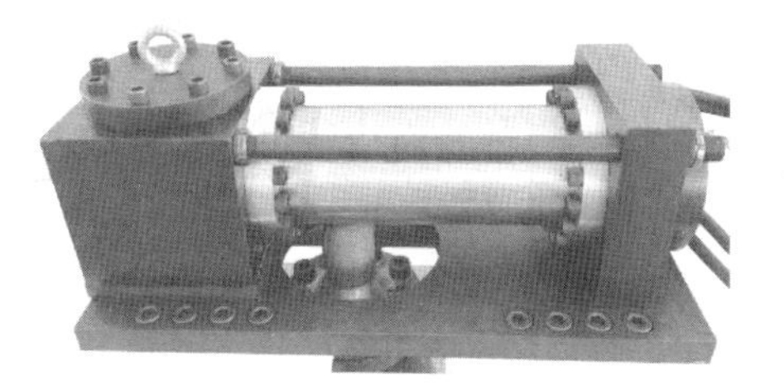

图 2-27 发射装置

图 2-28 防爆仓

图 2-29 防爆仓内部样品夹具

表 2-2 主要结构组成与作用

名称	主要作用
平台支撑	固定、调整平台，减小振动
炮管	配备不同管径的高强、高精度炮管
高压储气罐	储备足够气压的气体
高压气源	高压空压机（或被压缩的氢气或氦气）
真空系统	减小气体阻力
发射装置	控制气体发射
能量吸收器	防止子弹及靶回弹，由高阻尼特性材料组成
安全防护装置	防爆仓主要用于防止碎屑飞出，方便回收样品；同时增设联动装置，防爆仓为开启状态时无法进行实验。控制系统增设安全阀，安全阀为关闭状态时无法进行实验，防止由于误操作而造成安全隐患。增设安全防护网

B 工作原理

轻气炮的工作原理是模拟发射装置系统，采用轻质气体（空气、氦气、氢气等）作为工作气体；当高压储气室气压达到预定气压时，通过发射装置控制其瞬间释放，储气室气体向炮管膨胀，气体压力直接作用到子弹底部，驱动弹丸在炮管内运动，出炮口时弹丸被加速到一定的速度，直到飞出炮口，撞击被测样品（目标靶），然后由缓冲吸能机构接收。

这种模拟发射装置以轻气炮技术为基础，可以采用一级、二级、三级加速技术，获得比火炮高得多的出口速度。

C　典型性能指标

（1）出口速度：0~8000 m/s；

（2）发射管口径：ϕ4~300 mm，甚至更大；

（3）弹重：0~30 kg，甚至更重。

2.6.2　岩石动态压缩实验

根据岩石物理力学性质测定方法，岩石动态压缩试验采用圆柱试件，试件规格为 ϕ50 mm×50 mm。要求圆柱试件表面光滑，其平整度及垂直度小于 0.02 mm，如图 2-30 所示。

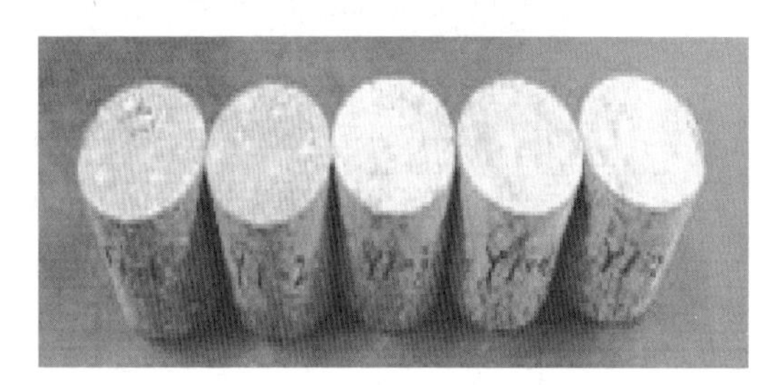

图 2-30　加工后的岩石试件

对岩石试件开展高加载率下的单轴压缩实验，如图 2-31 和图 2-32 所示；测得的波形如图 2-33 所示。

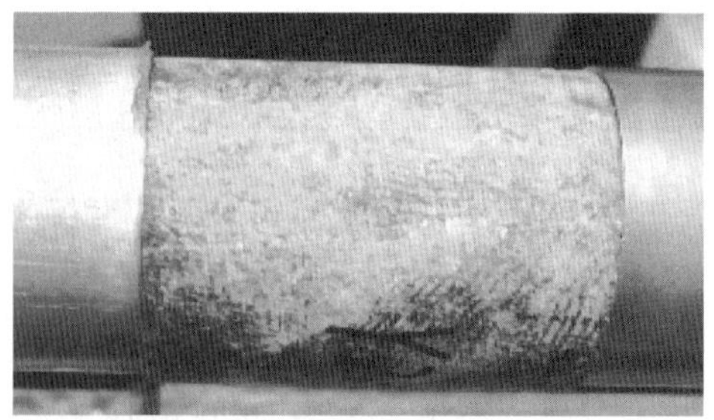

图 2-31　Hopkinson 压杆单轴压缩实验

根据 SHPB 原理对测得的波形进行处理，变质凝灰岩的实验结果如图 2-34 所示。

图 2-32 试样实验破碎效果

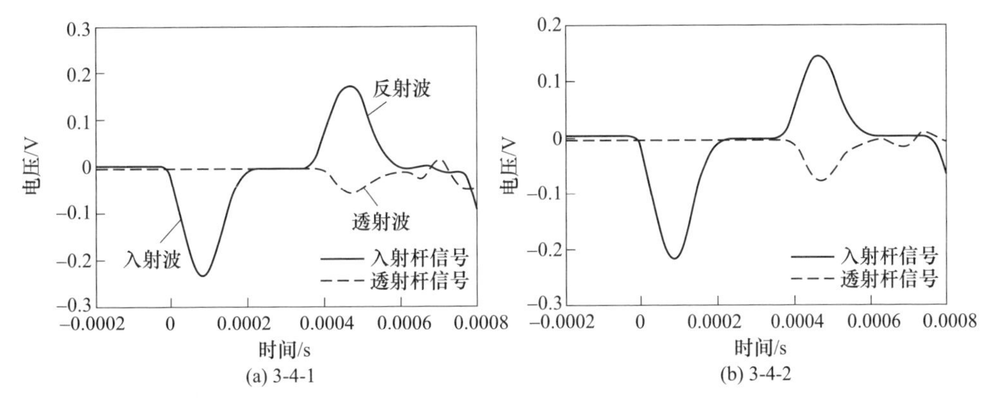

图 2-33 变质凝灰岩试件的实测波形图

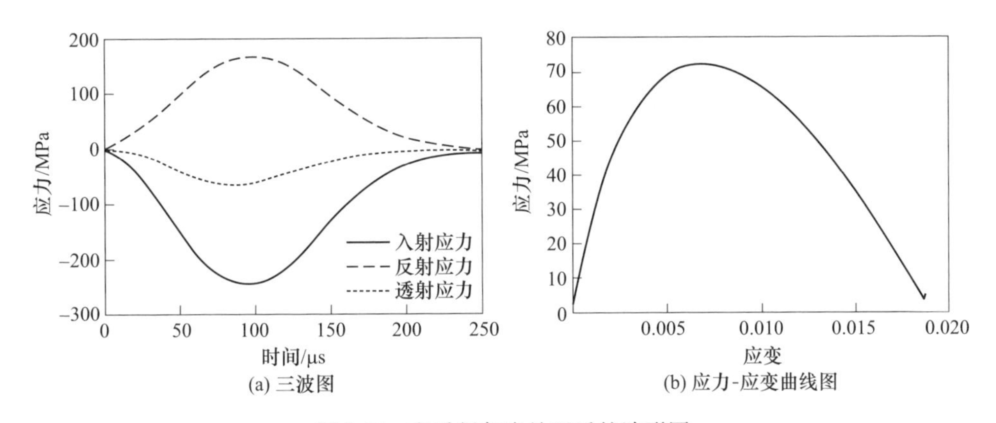

图 2-34 变质凝灰岩处理后的波形图

2.6.3 岩石动态拉伸实验

岩石动态拉伸实验采用岩石圆柱体试件，规格为 ϕ50 mm×25 mm，如图 2-35 所示；采用高加载率下的巴西劈裂拉伸实验，如图 2-36 和图 2-37 所示；测得的波形如图 2-38 所示。

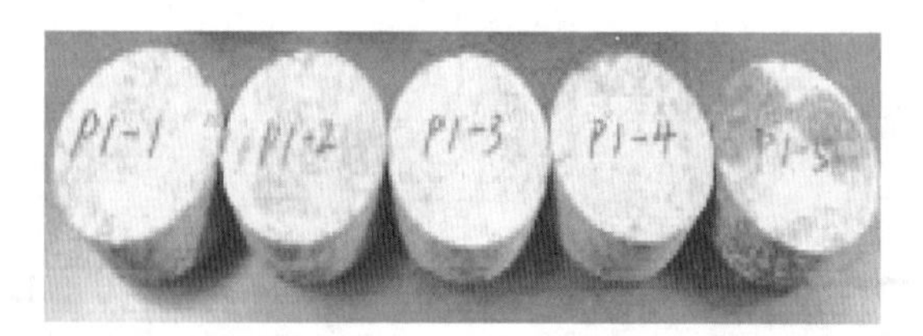

图 2-35　动态拉伸实验试件

图 2-36　分离式 Hopkinson 压杆巴西劈裂实验

(a) 试件1

(b) 试件2

图 2-37　变质凝灰岩试件破碎效果图

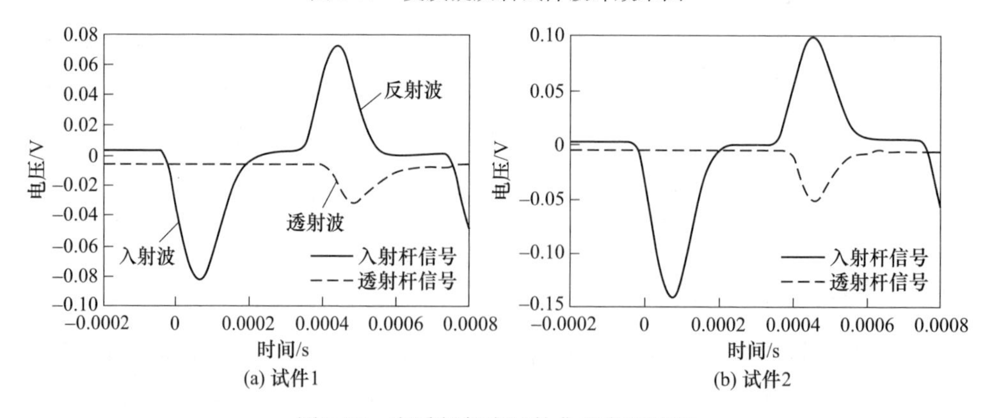

(a) 试件1　　(b) 试件2

图 2-38　变质凝灰岩试件典型实测波形

根据SHPB原理和巴西劈裂实验原理对测得的波形进行处理，变质凝灰岩的三波图如图2-39所示。

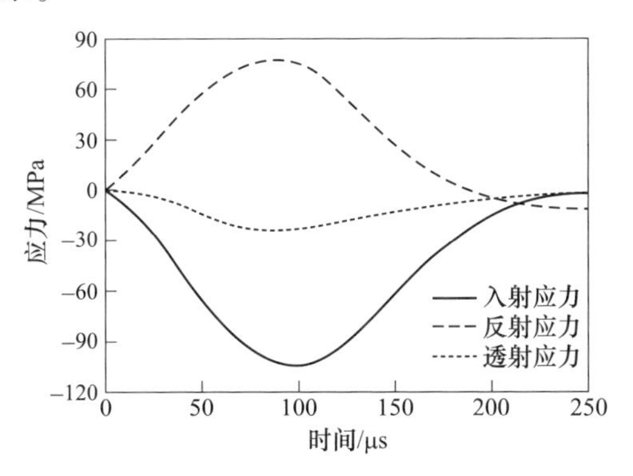

图2-39 变质凝灰岩试件三波图

2.6.4 温度与岩石动态力学参数关系

针对某露天矿山的白云岩和板岩的试样，开展不同温度下的岩石动态力学参数测试实验。结果表明，随着温度的降低，试样的动态强度表现出逐渐增加的趋势，且呈现非线性规律。

从岩石爆破角度来说，低温条件下岩石在发生冻结后其强度参数增大，在一定程度上增加了爆破破岩的难度，也增大了预裂爆破成缝的难度；与常温下岩石的爆破相比，增大了炸药的单耗参数，不利于降低爆破作业成本（图2-40和图2-41）。

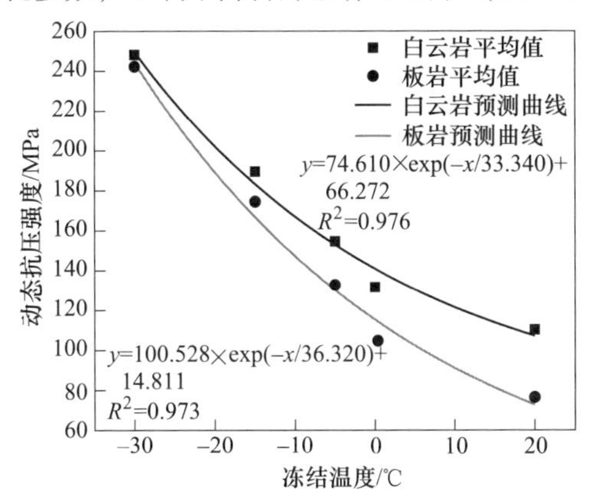

图2-40 动态抗压强度与冻结温度关系

冻结条件下的静态、动态岩石的抗压强度、抗拉强度对比情况如图2-42和图2-43所示。可以看出，在相同温度下，岩石的动态强度显著大于其静态强度，说明冲击载荷下岩石的强度增长明显。矿山爆破过程中，在爆炸动态荷载的作用下，爆破破岩的难度将大幅度增加，进而会对预裂爆破成缝产生一定影响。

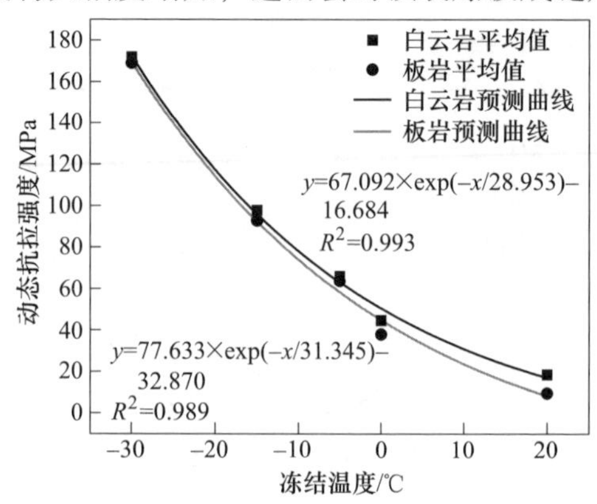

图 2-41　动态抗拉强度与冻结温度关系

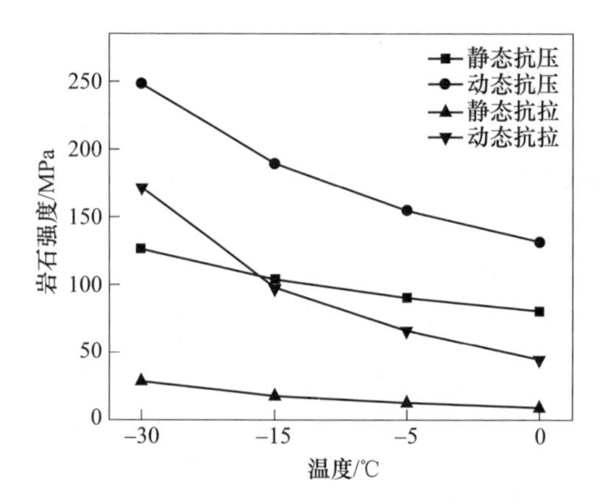

图 2-42　白云岩静动态强度参数

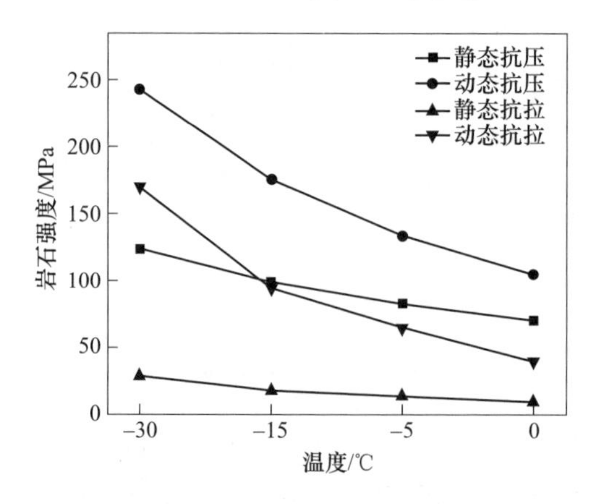

图 2-43　板岩静动态强度参数

3 预裂爆破影响因素与常见问题分析

3.1 概 述

预裂爆破的影响因素众多，如岩体特性、钻孔质量、炸药类型、装药结构等，且这些因素间存在着相互联系和影响。全面分析预裂爆破的影响因素，是指导爆破参数调整、提高预裂爆破效果、解决爆破质量不佳问题的关键，对于维护保护岩体的安全稳定具有重要的现实意义。因此，在预裂爆破设计与施工过程中，要充分考虑各种因素，否则将很难达到预期的效果。

3.1.1 岩体特性

岩体类型直接关系到预裂爆破参数、装药结构等的选择，进而影响到爆破质量。岩体类型不同，结构组成、节理裂隙发育情况、风化程度不同，其动静态抗压强度、抗拉强度等力学参数也不同，在相同炸药品种和爆破参数下产生的预裂爆破效果也就不同。

3.1.2 地质条件

岩体是一种特殊的力学介质，通常是非均质的和各向异性的。通常岩体越完整、越均匀，越有利于提高预裂爆破的质量；岩体节理越发育、越破碎，越不利于预裂爆破。

对于破碎岩体，预裂面的平整度通常主要由岩体破裂面控制，而不是由爆破参数决定的。当岩体裂隙与预裂面垂直时，裂缝不能连接，构成齿状缝面，容易形成超挖；当岩体裂隙与预裂面斜交时，则易于产生严重的超欠挖。此外，顺岩层走向的预裂爆破容易形成裂缝，而垂直岩层走向的预裂爆破则较难成缝。

3.1.3 结构面主方向

国内外研究表明，结构面主方向对预裂爆破质量的影响很大。Mekown 指出，当岩体结构面与断裂控制面的夹角 α 小于 60°时，预裂爆破的效果难以保证；当 $\alpha=20°\sim30°$时，为了保证良好的爆破效果，必须采取一定的技术措施。Hag Can 等指出，当 $\alpha=25°\sim40°$时，预裂缝呈“之”字形路径发展，部分沿片理开裂，部分呈横切构造。国内学者张奇研究认为，当 $\alpha=60°\sim90°$时，对预裂爆破无影响，当 $\alpha=0°\sim21°$时，对爆破质量也无影响，见表 3-1。

表 3-1　岩体主结构面特征分类表

影响程度	方向夹角 $\alpha/(°)$	岩体结构面特征
极有利	<20	岩体结构群极简单
有利	60~90	岩体结构群简单
中等	40~60	岩体结构群较复杂
不利	20~30	岩体结构群复杂
极不利	30~40	岩体结构群极复杂

注：α 为岩体结构面主方向与预裂控制面方向的夹角。

3.1.4　节理裂隙密度

节理裂隙密度 S（即裂隙率）是指在岩体一定面积内裂隙所占的面积。理论和实践经验表明，爆破时裂隙易于沿着弱面发生，因此弱面对预裂爆破裂隙的发展方向和范围有着重要影响，这种影响取决于弱面的方向、密度，充填物的种类和强度。

岩体总是充满节理裂隙的，当主控制裂纹方向快速扩展时，其他裂缝虽然不可能均匀地扩展，但它们会抑制主裂缝的发展，使得能量快速释放，同时也有可能因为应力波从节理面反射回来，与正向外传播的裂纹相互作用，而产生裂纹分叉。根据裂隙发育程度的裂隙密度分类见表 3-2。

表 3-2　根据裂隙发育程度的裂隙密度分类表

裂缝发育程度	节理裂隙率（密度）S/%	说　明
极不发育	<2	主要由小裂隙组成，S<1 mm
不发育	2~4	大部分由小裂隙组成，小部分由中等裂隙组成，S=1~5 mm
中等发育	4~8	大部分由中等裂隙组成，S=1~5 mm
较发育	8~10	大部分由中等裂隙组成，小部分由大裂隙组成
极不发育	>10	大部分由大裂隙组成，S>5 mm

3.1.5　钻孔质量

钻孔质量是影响预裂爆破效果的重要环节。钻孔质量的好坏通常取决于钻孔的机械性能、钻孔精度的控制措施和钻孔人员的操作技术水平，其中钻孔人员的操作技术水平最为重要。如果操作人员的钻孔技术水平不高，那么即使采用一流的先进钻孔设备，也难以钻出高质量的炮孔；相反，即使采用一些性能稍差的钻孔设备，如果钻孔人员技术水平高且认真操作，就依然可以钻出高质量的炮孔。

钻孔质量对预裂爆破效果的影响如下：

(1) 若不按预裂爆破设计确定孔位钻孔，开孔位置偏差太大，就会造成超（或欠）挖，势必会影响预裂爆破效果和开挖质量。

(2) 若预裂爆破钻孔偏斜超过爆破设计的规定，就会造成轮廓面的不平整度超标，难以形成良好的轮廓面。预裂钻孔的左右方向的偏差通常比前后方向的偏差的危害要小一些，这是因为左右方向的偏差仅仅使相邻钻孔之间的不平整度增大，尚不至于给超（或欠）挖带来过大的影响。

(3) 若钻孔深度不够，炮孔底部夹制作用大，装药不到位，则易于产生一定长度的根底；钻孔中的岩粉不清除，炮孔的有效深度减小，也会影响轮廓面控制质量。

(4) 钻孔内存在的积水不排出，使得装药不到位，积水的存在还可能降低炸药的爆炸威力，进而影响预裂爆破效果。

(5) 炮孔孔口未采取保护措施，孔口周围的岩粉、石渣或石块掉入孔内，将会减小炮孔的有效深度，增加清孔工作量，严重时还会造成废孔。

3.1.6 炸药性质

不同品种炸药的爆速、爆压、波阻抗等爆炸性能不同，在其他预裂爆破参数一定的情况下，其所产生的爆破效果也不同。对于同一类型的炸药，不同的装药量、装药结构也会产生不一样的预裂爆破效果。因此，炸药类型与爆破参数存在一定的匹配关系，当炸药品种和性质改变时，应及时调整炮孔间距、装药结构等参数。只有根据岩体特性，优选适宜的炸药品种和爆破参数，才可以取得预期的预裂爆破效果。

工程实践表明，预裂爆破时采用低爆速、低猛度和传爆性能良好的炸药，可以减小炮孔周围形成的岩石粉碎范围。在相同的岩石性质和爆破参数下，低爆速炸药爆破的预裂面相对来说更加平整光滑，半壁孔率明显提高，且孔壁上的裂纹也少，可以更好地改善预裂爆破质量。

3.1.7 孔距

预裂孔距是影响预裂爆破效果的一个重要参数。如果相邻两个预裂孔间距过大，叠加后的爆炸应力波的拉应力小于炮孔连心线上岩石的动态抗拉强度，则只能形成两炮孔各自的径向裂缝，而不能形成贯通的预裂缝，无法达到预裂爆破成缝的效果。若预裂孔间距过小，则会增加现场爆破钻孔的数量，降低炸药的能量利用率，导致大量的人力、物力浪费，不仅会影响现场施工进度，还增大了预裂爆破作业成本。因此，为使爆生裂纹沿炮孔连线方向扩展并贯通成缝，应在工程爆破中合理选择预裂炮孔间距。

3.1.8　不耦合系数

不耦合装药是炸药直径小于炮孔直径的一种装药方式，炸药与孔壁之间留有间隙。炸药与孔壁的不耦合程度采用不耦合系数 K 进行表示，即炮孔直径 D 与炸药直径 d 的比值（$K=d/D$）。不耦合系数可反映炸药在炮孔中与孔壁接触的状况。当不耦合系数 $K=1$ 时，炸药与孔壁完全耦合，炸药爆炸冲击波直接作用到孔壁上，易于造成孔壁的冲击破坏；当 $K>1$ 时，炸药与孔壁之间存在空气间隔，爆炸冲击波在空气中传爆时发生大幅度衰减，空气的缓冲作用可以减缓爆轰波对孔壁的冲击效应，从而较好地保护孔壁的完整性。

对于预裂爆破而言，不耦合系数的大小与介质、炸药特性等有关，其值不宜过大也不宜过小，应根据现场爆破效果，合理选择装药不耦合系数，避免孔壁岩石过度粉碎，同时有效延长爆压作用时间，提高半壁孔率和预裂爆破质量。

3.1.9　装药结构

预裂爆破装药结构形式及其装药参数是预裂爆破最重要、最复杂的问题之一，合理的装药结构与参数是保证全部装药稳定爆轰、完全传爆的关键，可以避免产生爆破瞎跑、残炮和带炮等问题。

预裂炮孔的装药结构直接关系到炮孔的装药量；而炮孔装药量的大小决定了孔内爆压的大小，进而决定了预裂缝能否贯通以及预裂面的平整度好坏。通常而言，炸药爆炸时药包表面的冲击波压力峰值可达数万兆帕，远远超过了岩石的动态抗压强度，这时炸药包周围的岩石会被压碎成粉状，形成一定范围的粉碎区。为了减轻冲击波作用于岩壁上的压力，一般可采取两种方法：一种是采用低猛度低爆速炸药；另一种是采用不耦合装药。

目前，预裂爆破的药包装药结构主要有两种形式：一种是间隔装药；另一种是连续装药。间隔装药结构是指根据线装药密度的大小，每隔一定间距将标准药包或改小的药包绑扎在传爆线上，由传爆线引爆所有药包，这也是目前使用较多的装药结构。连续装药是一种比较理想的预裂装药方式，根据预裂爆破的理论可知，在线装药密度确定后，炸药沿预裂孔分布得越均匀，预裂效果也就越好。

此外，为有效克服孔底的夹制作用，同时减小孔口附近的破坏效应，通常炮孔底部应适当加强装药，上部有效减弱装药，形成非均匀的线装药结构。若装药结构不合理或控制不好，则势必会影响预裂成缝质量。

3.1.10　线装药密度

对于预裂爆破的装药量，国内外都采用线装药密度来表示，但其所指的含义并不相同，概括有以下几种：

（1）以炮孔总装药量除以炮孔总长度表示，即延米装药量；

（2）以扣除孔底增加药量的炮孔总装药量除以装药长度（不包括填塞长度）表示。

线装药密度是预裂爆破效果的关键影响因素之一。线装药密度的大小直接关系到预裂炮孔装药量的多少，进而对预裂爆破效果产生影响。线装药密度越大，延米炮孔的装药量越大，致裂破岩的范围也越大。合理的线装药密度对于预裂效果至关重要，理想的线装药密度应该是既能刚好克服岩石的抵抗阻力，而又不会造成围岩的破坏。通常而言，硬岩的装药密度取大值，软岩的装药密度取小值。

3.1.11　缓冲孔排距

缓冲孔位于预裂孔和主爆孔之间，比主爆孔的孔网参数和装药量都要小，在预裂爆破中主要起缓冲作用。缓冲孔与预裂孔和主爆孔之间的排距对于预裂爆破效果的影响很大，若缓冲孔与后者的孔底距布置得不合理，则会对预裂面造成干扰破坏。通常，缓冲孔与预裂孔的排距，软岩时取大值，硬岩时取小值，并略小于缓冲孔与主爆孔的排距。

同时，缓冲孔是在预裂孔和主爆孔起爆之后起爆的，使得缓冲孔药包有两个自由面。当缓冲孔与预裂孔的排间距过小时，缓冲孔爆破荷载将朝着预裂面方向转移，可能造成预裂孔与缓冲孔之间形成贯穿裂缝，从而对已经形成的预裂面造成破坏。当排间距过大时，缓冲孔爆破后可能无法破碎预裂孔前面的岩石。如果要使预裂孔前面的岩石破坏、松落，势必会增加缓冲孔的药量，增大围岩的破坏程度，降低预裂爆破质量。

3.1.12　爆破后冲效应

爆破后冲效应是预裂爆破质量的不利影响因素，即使是在预裂缝已经形成的情况下，过大的爆破后冲也会对需要保护的固定边坡造成一定程度的损坏。而若要减轻爆破后冲效应，就要求在爆区起爆后，岩石向自由面方向移动的阻力越小越好。除控制缓冲孔的爆破参数外，还要做到以下几点：

（1）清渣爆破有利于提升预裂爆破质量，而压渣爆破时的预裂爆破效果则很难保证，因此在靠帮预裂爆破时应采用清渣爆破，不宜采用压渣爆破。

（2）预裂爆破时，通常预裂孔前面都有一定宽度的主爆区。主爆区的抵抗线大小对于爆破后冲的影响明显：抵抗线越大，不仅爆破振动增大，后冲也越大。因此，预裂爆破的抵抗线不宜过大，应尽量减小抵抗线。

（3）主爆孔的炸药单耗应比一般的松动爆破稍大些，以保证爆破后岩石向外产生一定的位移，为缓冲孔爆破创造足够的补偿空间；同时，最大段装药量应控制在边坡岩体安全允许的振动范围内。

（4）爆区炮孔的排数宜少，如果排数过多，后排的爆破实际上就是挤压爆破，反而容易增加后冲效应，不利于预裂面的质量控制。预裂爆破时，一般主爆孔应在1~2排，加上缓冲孔、预裂孔，应控制在3~4排。

（5）应适当延长炮孔排间起爆延时间隔，以充分利用形成的新的自由面；排间延时宜控制在50 ms以上。

3.1.13　炮孔堵塞

根据预裂爆破成缝原理，爆生气体准静压力对于贯通裂缝的生成具有重要作用。若预裂炮孔堵塞质量好，则可以延长爆生气体压力的作用时间，促进爆生裂缝的扩展与延伸，有利于孔间贯通裂缝的形成。

若预裂炮孔未进行堵塞，或堵塞质量和堵塞长度不到位，爆生气体将很快冲出逸散到大气中，加快爆炸应力波到达峰值后的衰减，减小爆生气体的作用时间，影响预裂成缝效果。

此外，不同岩体对炮孔堵塞长度的要求不一样，不同岩体在使用相同堵塞长度时所取得的预裂爆破质量也不同。在保证不发生爆破冲孔等条件下，对于相对碎软破碎岩体，宜适当增大堵塞长度，同时控制好减弱装药段的装药量；而对于坚硬完整岩体，则可以适当减小堵塞长度。

3.1.14　现场施工质量

预裂爆破的成功与否，不仅取决于适宜的爆破参数和装药结构，还必须高度重视现场施工质量。即使再完美的预裂爆破设计方案，如果不能在现场施工中得到严格落实，也是纸上谈兵。如果在现场施工时，炮孔的位置、角度、深度等偏差超出允许标准，则将导致装药结构、装药量的偏差过大，势必会产生不利的预裂爆破效果。

因此，必须制定完善的现场施工管理制度和奖惩机制，建立标准化的工作流程和操作指南，加强对预裂爆破作业人员的培训教育工作，并做好技术质量交底，落实现场监督指导工作，确保设计方案落实到位。

3.1.15　岩体含水量

当岩体裂隙中含水时，其对波速的影响明显。研究表明，当声波只穿过两条干裂隙时，波速下降6%~9%；当裂隙中加入少量水时，波速只降低2%~3%，且即使是四条裂隙时，也不过降低8%~10%，可见水可以改变岩体的构造效应。同时，水的存在增加了装药的难度，改变了爆炸应力波的衰减规律和作用到炮孔上的孔壁压力。

此外，在破碎岩体含水地区进行预裂爆破时，钻孔成孔难度大，成孔率低，进而导致预裂效果差。当预裂炮孔内的充水高度不一致时，不仅增大了装药结构的复杂性，也会对预裂效果产生不利影响。

因此，无论是坚硬岩体还是松软岩体，在岩体裂隙复杂、含水量较大时，都必须考虑水对预裂爆破的影响。

3.1.16 初始地应力

岩体中存在的地应力，一般分为应力未扰动区、应力松弛区和应力增高区。

在预裂爆破裂缝扩展过程中，岩体初始应力对裂缝扩展具有一定的抑制作用，即存在阻裂现象。岩体初始应力的存在，可以抵消爆炸应力波的作用；特别是当垂直于炮孔连心线方向的初始应力较大时，将会削弱炮孔连心线上的孔壁拉应力，增加孔壁上形成具有导向作用的初始径向裂缝的难度。

此外，随着炸药起爆后时间的延续，当爆生气体压力衰减到与岩体初始地应力处于同一数量级时，地应力的阻裂作用更加明显，使得裂缝宽度明显减小。

实际上，由于各种地质因素的影响，地应力的分布是很不均匀的。因此，在预裂爆破中一般不考虑地应力作用，但在地应力增高区则必须考虑它的影响，且必须保证 σ_1/σ_2 的方向与预裂缝方向基本一致。

3.2 预裂爆破常见问题分析

3.2.1 预裂未成缝

影响预裂爆破未成缝的原因有很多，但主要还是由爆破参数选择不当造成的（图 3-1）。

图 3-1 无预裂缝图

（1）当预裂孔距过大时，在预裂缝扩展到一定长度后，随着爆炸应力波的衰减，在炮孔连线方向上的集中拉应力将会小于岩体动态抗拉强度，无法在炮孔连线方向上形成初始径向裂纹，随后的爆生气体不能楔入，也就不能够形成预裂缝。

（2）当预裂孔距合理，而线装药密度偏低时，炸药的爆炸能产生的裂缝范围有限，也不足以在预裂孔之间形成贯穿成缝。

3.2.2　孔口伞檐

预裂孔形成孔口伞檐的原因主要是由岩体条件差、预裂孔装药结构和缓冲孔参数不合理等因素造成的（图 3-2）。

（1）预裂孔装药结构通常遵循底部加强、中部正常和上部减弱的原则。当上部装药量过少、孔口余高过高、堵塞长度过大时，会造成预裂孔底部贯穿正常，而上部不能完全贯穿，从而形成未爆破下来的伞檐悬挂于预裂面之上。

（2）若岩体节理裂隙比较发育，由于预裂孔上部一般为减弱装药结构，爆炸产生的能量会因节理裂隙的存在而出现泄能现象，使得剩余的能量不足以使预裂孔贯穿成缝，就会导致孔口形成伞檐。

（3）当缓冲孔为半孔，距离预裂孔过远或装药量偏低等时，缓冲孔爆破并不能将预裂孔前面的岩石全部破坏掉，从而造成预裂面留有伞檐。

图 3-2　孔口伞檐图

3.2.3　孔底根底

孔底根底是指预裂爆破后，在边坡底部形成的凸出来的根底，不仅会影响边坡面的美观，还会增加二次处理的工作量（图 3-3）。造成预裂面底部产生根底的主要原因包括：

（1）预裂孔装药结构和参数不合理，底部加强装药段的炸药量偏少，不足以克服根底。

（2）预裂孔没有留设足够超深，或岩体条件差，发生孔口、孔内塌孔，致使炮孔深度不够，造成炮孔底部装药不足，无法克服炮孔底部较大的岩石夹制作用，而产生底部根底。

（3）当缓冲孔为半孔时，造成最后一排主爆孔与预裂孔的孔底距过大，主爆孔爆破能量小，从而引起预裂爆破根底。

（4）预裂孔完全不堵塞或堵塞质量不到位，爆破时造成明显的冲孔现象，使得部分爆炸能过早地卸掉，致使剩余的能量不足以克服根底。

（5）现场施工管理不到位，施工质量不精细，预裂孔钻孔角度偏斜大，导致孔口距正常而孔底距偏大，致使孔底不能贯穿成缝，形成根底。

图 3-3 残留根底图

3.2.4 孔壁残药

孔壁残药是指预裂爆破后，在铲装挖运的过程中，偶尔见到预裂孔上有未起爆的炸药，且对应附近位置的预裂爆破质量也差，无法形成贯穿预裂缝。孔壁残药的主要原因如下：

（1）当预裂爆破使用的炸药过期或即将过期时，炸药爆炸性能下降，起爆感度降低，当采用正常的装药结构时，部分炸药不能完全爆轰，因而会留有残药在孔壁上。

（2）现场施工质量差，特别是导爆索绑扎效果比较差，没有与炸药紧密地绑扎在一起，致使部分炸药没有殉爆，造成残药悬挂于孔壁。

3.2.5 半孔率低

预裂爆破半孔率的高低是反映爆破效果好坏的关键因素之一（图 3-4）。通常，半孔率越高，预裂爆破质量越好；反之，则相反。常见的导致半孔率比较低的原因有：（1）预裂孔的孔间距过大。炸药爆炸荷载除了贯穿预裂孔外，还会

图 3-4　半孔率低效果

冲击预留边坡面；当预裂孔距过大时，会增加相邻炮孔贯穿的困难程度，势必会增大炸药爆炸能对保留边坡面的冲击作用；特别是软弱岩体，当预裂孔间距过大时，半孔率降低的现象更加明显。

（2）炮孔装药结构不合理，线装药密度偏高。预裂面的半壁孔率和裂缝的充分扩展相关，裂缝扩展的宽度越大，半壁孔率也就越高，故要求有较充分的线装药密度。但当线装药密度过大或装药局部过于集中时，多余的爆破能量会使预裂面产生明显的破坏，降低保存半孔的完整性。

（3）缓冲孔与预裂孔之间的距离过小，缓冲孔爆破后容易对已经形成的预裂面造成破坏。

（4）边坡保护区的主爆区宽度过宽或采用压渣爆破，主爆区爆破时的部分能量对边坡造成后冲效应，增大了对预裂孔的损坏。

（5）预裂孔不填塞或堵塞质量不佳，预裂孔上部出现冲孔现象，会对预裂面上部造成一定的破坏，致使预裂面上部半孔率偏低。

（6）地质条件原因。特别是对于某些顺层边坡，即使预裂爆破当时成功，随着时间的推移，后来也会出现垮塌现象，使得后期见到的半壁孔很少，甚至看不到半壁孔。

（7）挖掘施工能力差。由于现场挖运时管理不到位，或没有经验的挖掘司机作业时经常超挖边坡，时常会挖掉半壁孔，致使边坡半孔率降低，甚至边坡垮塌。

3.2.6　不平整度大

预裂面的不平整度是预裂爆破的主控内容，也是评价预裂爆破质量的关键之一（图 3-5）。由于各种主客观因素的影响，预裂爆破时难免会形成凹凸不平的

图 3-5 不平整度大的效果

边坡面，降低边坡控制质量。边坡平整度差的主要原因如下：

（1）预裂面的平整度和预裂缝的充分发展密切相关，预裂缝扩展距离越大，受到岩体原生裂隙等的影响，爆生裂缝越容易分叉，导致边坡面的不平整度也就越大。

（2）预裂面的平整度与爆炸能量直接相关；炸药爆炸能量越大，裂缝扩展越充分，但如果药量过大，那么裂缝在扩展时也容易分叉；在超过了一定的炸药量后，药量越大，不平整度就越大，故预裂面的平整度要求有合适的预裂孔距和装药量。

（3）当穿孔区域地质条件复杂时，炮孔内穿过的岩性变化大，特别是对于高台阶或并段台阶，钻机在穿过不同的岩性时，穿孔角度会发生改变，从而导致预裂面不平整。

（4）预裂穿孔场地不平整。一般来讲，预裂面都是倾斜的，垂直的预裂面较少。当预裂面的边坡角为锐角时，预裂穿孔场地的平整度极为重要。当预裂穿孔场地不平整时，则很难保证预裂孔在同一平面上，进而造成预裂面的平整度较差。

（5）穿孔管理不到位。没有严格做好边坡的测量放线工作，未按照“对位准、方向正、角度精”三要点安装架设钻机，没有挑选技术水平较高、熟悉钻机性能的钻机司机进行钻孔作业，或者钻孔人员责任心不强、未严格按照要求进行钻孔，都可能造成预裂面平整度较差。

4 预裂爆破器材与机具

4.1 概　　述

预裂爆破首先采用潜孔钻机等穿孔设备进行钻孔，然后使用工业炸药、雷管、导爆索等起爆器材进行爆破，由于穿孔直径的大小会影响装药参数的选择，进而会影响预裂爆破的效果，因此应结合现场条件因地制宜地选择适宜的钻孔设备和爆破器材。

4.2 预裂爆破器材

4.2.1 工业炸药

工业炸药，又称民用炸药，是以氧化剂和可燃剂为主体，按照氧平衡原理构成的爆炸性混合物，属于非理想炸药。

随着科学技术的不断进步，对工业炸药的品种、性能、生产和使用等各方面都提出了不同要求，因此工业炸药得到迅速发展，形成了繁多的工业炸药品种。按照组成特点可分为铵梯炸药、硝甘炸药（硝化甘油类炸药）、铵油炸药、含水炸药（乳化炸药、水胶炸药和浆状炸药）和特种炸药（含铝炸药、液体炸药等）；按照主要化学成分可分为硝铵类炸药、硝化甘油类炸药、芳香族硝基化合物类炸药。

在工业炸药的发展过程中，炸药品种发生了天翻地覆的变化，预裂爆破使用的炸药类型也随之发生改变。常用的预裂爆破炸药包括2号岩石铵梯炸药（也称2号岩石炸药）、岩石乳化炸药等。

4.2.1.1 *岩石铵梯炸药*

岩石铵梯炸药是由硝酸铵为氧化剂、梯恩梯为敏化剂、木粉作可燃剂而组成的一类混合炸药，是适用于中硬及以上矿岩爆破的工业炸药，俗称岩石炸药（图4-1）。新中国成立初期，铵梯炸药是我国最主要的工业炸药。

图4-1　铵梯炸药

铵梯炸药的化学性质较稳定，但易吸湿，失水后又易结块而降低爆炸性能，甚至拒爆，但将结块碾碎后仍可使用。其对冲击、摩擦与火花的感度不高；抗水能力差，含水率一般在 0.3%以下，若含水率超过 0.5%则必须经烘干后碾碎使用。

铵梯炸药按照炸药组分可以分为 1 号、2 号、2 号抗水、3 号抗水、4 号抗水等。其中预裂爆破常用的为 2 号和 2 号抗水，其组分和性能参数见表 4-1。

表 4-1　预裂爆破常用岩石铵梯炸药的组分和性能表

组分和性能	2 号岩石铵梯炸药	2 号抗水岩石铵梯炸药
硝酸铵/%	85±1.5	85±1.5
梯恩梯/%	11±1.0	11±0.5
木粉/%	4±0.5	3.2±0.5
沥青/%	—	0.4±0.1
石蜡/%	—	0.4±0.1
w_{N_2O}/%	≤0.3	≤0.3
密度/$g \cdot cm^{-3}$	0.95~1.10	0.95~1.10
猛度/mm	≥12	≥12
做功能力/mL	≥298	≥298
殉爆距离/cm	≥5	≥5
爆速/$m \cdot s^{-1}$	≥3200	≥3200

随着科学技术的进步，岩石铵梯炸药在安全可靠性及环保方面存在的问题日益明显，已经被更为安全、更环保的产品所替代。根据《民用爆破器材“十一五”规划纲要》，导火索、火雷管、铵梯炸药已于 2008 年 1 月 1 日起停止生产。2008 年 2 月 12 日，国家国防科学技术工业委员会和公安部联合发布《关于做好淘汰导火索、火雷管、铵梯炸药相关工作的通知》（科工爆〔2008〕203 号），要求 2008 年 3 月 31 日后，全国范围内停止销售导火索、火雷管、铵梯炸药；2008 年 6 月 30 日后，全国范围内停止使用导火索、火雷管、铵梯炸药。至此，岩石铵梯炸药彻底地退出市场，不再应用于预裂爆破工程中。

4.2.1.2　乳化炸药

乳化炸药，是借助乳化剂的作用，使氧化剂盐类水溶液的微滴均匀分散在含有分散气泡或空心玻璃微珠等多孔物质的油相连续介质中所形成的一种油包水型（W/O）的乳胶状炸药；是由硝酸铵等氧化剂水溶液与乳化剂、油相材料组成的油相溶液相互混合，经过乳化、敏化而制成的，是含水炸药的一种。

乳化炸药是 20 世纪 70 年代发展起来的新型工业炸药，在国内外得到了广泛的应用；乳化炸药的密度高、爆速大、猛度高、抗水性能好、临界直径小、起爆感度好，在小直径情况下具有雷管敏感度，密度一般在 1.05~1.25 g/cm^3，爆速为 3500~5000 m/s。其组分中不含有毒物质及单质炸药，原材料来源广、成本低；不含梯恩梯，在生产过程中无粉尘，不会因污水排放而造成环境污染；炸药的爆炸性能、储存稳定性和抗水性能都比较理想。

乳化炸药以其显著的优势逐渐取代了 2 号岩石铵梯炸药，在预裂爆破中得到了普遍推广，并取得了很好的预裂控制效果。在预裂爆破中，常用小直径乳化炸药卷，直径有 32 mm 和 35 mm 两种（图 4-2）。小直径乳化炸药卷绑扎简单，且便于与导爆索配合使用以形成间隔或连续装药结构。

图 4-2 乳化炸药（ϕ32 mm）

根据《乳化炸药》（GB 18095—2000），乳化炸药按照用途主要分为岩石乳化炸药、煤矿许用乳化炸药、露天乳化炸药三种类型。其中，岩石乳化炸药适用于无沼气（或）矿尘爆炸危险的爆破工程；煤矿许用乳化炸药适用于有沼气和（或）矿尘爆炸危险的爆破工程；露天乳化炸药适用于露天爆破工程。乳化炸药的主要性能指标见表 4-2。

表 4-2 乳化炸药主要性能指标表

项 目	岩石乳化炸药		煤矿许用乳化炸药			露天乳化炸药	
	1 号	2 号	一级	二级	三级	有雷管感度	无雷管感度
药卷密度/g·cm^{-3}	0.95~1.30		0.95~1.25			1.10~1.30	—
炸药密度/g·cm^{-3}	1.00~1.30		1.00~1.30			1.15~1.35	1.00~1.35
爆速/m·s^{-1}	≥4500	≥3200	≥3000	≥3000	≥2800	≥3000	≥3500
猛度/mm	≥16	≥12	≥10	≥10	≥8	≥0	—
殉爆距离/cm	≥4	≥3	≥2	≥2	≥2	≥2	—
做功能力/mL	≥320	≥260	≥220	≥220	≥210	≥240	—
撞击感度	爆炸概率≤8%						
摩擦感度	爆炸概率≤8%						

续表 4-2

项目	岩石乳化炸药		煤矿许用乳化炸药			露天乳化炸药	
	1号	2号	一级	二级	三级	有雷管感度	无雷管感度
热感度	不燃烧不爆炸						
炸药爆炸后有毒气体含量/L · kg^{-1}	≤80					—	
可燃气安全度	—		合格			—	
使用保证期/d	180		120			120	15

4.2.1.3 震源药柱

震源药柱主要用于石油、天然气、煤炭、矿产等地球物理勘探及深水破礁作业（图 4-3）。相比于工业乳化炸药，虽然震源药柱的爆速相对较高，与预裂爆破所需的低爆速炸药相背而驰，但在高寒低温环境下乳化炸药性能降低，以及受到炸药采购限制等的场合，仍然可以使用震源药柱作为预裂爆破的起爆炸药。经大量试验探索与应用，只要关键技术参数合理，震源药柱也可以取得预期预裂爆破控制效果。

图 4-3 震源药柱

震源药柱按照使用方式可分为井下使用和地面使用两种类别；按照装药品种可分为铵梯炸药震源药柱、胶质炸药震源药柱、乳化炸药震源药柱、其他震源药柱；按照爆速不同可分为高爆速、中爆速、低爆速三种类别，见表 4-3。

表 4-3 震源药柱按照爆速分类表

分类	爆速 v/m · s^{-1}	备 注
高爆速	$v \geqslant 5000$	按照 1000 m/s 的级差分为Ⅰ型、Ⅱ型、Ⅲ型……爆速越高，型号数越大
中爆速	$3500 \leqslant v<5000$	
低爆速	$v<3500$	按照 500 m/s 的级差分为Ⅰ型、Ⅱ型、Ⅲ型……爆速越低，型号数越大

产品代号由使用方式代号、名称代号、规格代号及类别代号组成，见表4-4。

表4-4 震源药柱产品代号组成表

代号名称	备　　注
使用方式代号	用于地面使用的在名称代号前面用汉字“面”的汉语拼音第一个大写字母“M”表示，用于地下使用的则可省略
名称代号	由“震源”两字汉语拼音第一个大写字母“ZY”表示
规格代号	由产品直径和单节质量的数值组成，两数值之间用“-”隔开；直径的单位为毫米，单节质量的单位为千克
类别代号	依据爆速的高、中、低不同分别用大写字母G、Z、D后加型号Ⅰ、Ⅱ、Ⅲ……表示

产品代号示例：

（1）ZY60-1-GⅠ：直径为60 mm，单节质量为1 kg，爆速大于或等于5000 m/s且小于6000 m/s的井下使用的震源药柱；

（2）MZY50-0.2-GⅡ：直径为50 mm，单节质量为0.2 kg，爆速大于或等于6000 m/s且小于7000 m/s的地面使用的震源药柱

震源药柱单节质量及偏差符合表4-5的要求。

表4-5 震源药柱单节质量及偏差表

单节质量/g	100	200	250	500	750	1000	2000	2500	3000	5000
质量偏差/g	±5	±10	±15	±20	±25	±35	±50	±55	±60	±70

注：用户需要其他规格的产品时，可由双方协商后在合同中注明。

震源药柱的性能指标符合表4-6的要求。

表4-6 震源药柱的性能指标表

<table>
<tr><th colspan="2" rowspan="3">项目</th><th colspan="9">性能指标</th></tr>
<tr><th colspan="4">G</th><th rowspan="2">Z</th><th colspan="4">D</th></tr>
<tr><th>……</th><th>Ⅲ</th><th>Ⅱ</th><th>Ⅰ</th><th>Ⅰ</th><th>Ⅱ</th><th>Ⅲ</th><th>……</th></tr>
<tr><td colspan="2">爆速/$m \cdot s^{-1}$</td><td colspan="4">$v \geq 5000$</td><td>$3500 \leq v < 5000$</td><td colspan="4">$v < 3500$</td></tr>
<tr><td colspan="2">抗水性能</td><td colspan="9">在压力为0.3 MPa的条件下保持48 h，取出后进行起爆感度试验，应爆炸完全</td></tr>
<tr><td rowspan="2">抗拉性能</td><td>$\varphi \leq 45$ mm</td><td colspan="4">将两节震源药柱连接，在60 N的静拉力下，连续作用30 min，连接处不应断裂或被拉脱</td><td colspan="5">将两节震源药柱连接，在98 N的静拉力下，连续作用30 min，连接处不应断裂或被拉脱</td></tr>
<tr><td>$\varphi > 45$ mm</td><td colspan="9">将两节震源药柱连接，在98 N的静拉力下，连续作用30 min，连接处不应断裂或被拉脱</td></tr>
</table>

续表 4-6

<table>
<tr><th colspan="2" rowspan="3">项目</th><th colspan="9">性能指标</th></tr>
<tr><th colspan="4">G</th><th rowspan="2">Z</th><th colspan="4">D</th></tr>
<tr><th>……</th><th>Ⅲ</th><th>Ⅱ</th><th>Ⅰ</th><th>Ⅰ</th><th>Ⅱ</th><th>Ⅲ</th><th>……</th></tr>
<tr><td rowspan="2">传爆可靠性</td><td>$\varphi \leqslant 45$ mm</td><td colspan="4">对总质量不小于 6 kg 的一组震源药柱进行起爆后，应爆炸完全</td><td colspan="5">对总质量不小于 10 kg 的一组震源药柱进行起爆后，应爆炸完全</td></tr>
<tr><td>$\varphi > 45$ mm</td><td colspan="9">对总质量不小于 10 kg 的一组震源药柱进行起爆后，应爆炸完全</td></tr>
<tr><td colspan="2">起爆感度</td><td colspan="9">对单节震源药柱进行起爆后，应爆炸完全</td></tr>
<tr><td colspan="2">耐温性能</td><td colspan="9">在（50±2）℃和（-40±2）℃的温度条件下保温 8 h，取出后进行起爆感度试验，应爆炸完全</td></tr>
<tr><td colspan="2">跌落安全性</td><td colspan="9">试验后不发生燃烧或爆炸</td></tr>
</table>

注：1. 表中 φ 表示产品直径。

2. 用于单发（地面）使用的产品可不做抗拉性试验、抗水性试验和爆轰连续性试验。

在工程实践中，受现场条件、炸药采购限制等影响，当使用其他炸药进行预裂爆破时，通常以爆力为 320 mL、猛度为 12 mm 的 2 号岩石硝铵炸药为标准炸药，按照炸药换算系数进行换算。炸药量换算系数可以按照下式计算：

$$e = 320/p$$

式中　e——炸药换算系数，取值见表 4-7；

　　　p——炸药爆力。

表 4-7　常用炸药换算系数

炸药名称	型号	换算系数
岩石硝铵炸药	1 号	0.91
	2 号	1.00
	2 号抗水	1.00
露天硝铵装药	1 号	1.07
	2 号	1.28
胶质炸药	普通 62%	0.84
	耐冻 62%	0.84
	普通 40%	0.89
	耐冻 40%	0.89
	普通 35%	0.94
乳化炸药	CLH	0.97~1.08
	RJ-1	1.06
水胶炸药	SHJ-K	0.91

常见工业炸药性能见表4-8。

表4-8 工业炸药性能

炸药名称	型号	爆速/$m\cdot s^{-1}$	爆力/mL	猛度/mm	殉爆距离/cm	抗水性
岩石硝铵炸药	1号	—	350	13	6	差
	2号	3600	320	12	6	差
	2号抗水	3750	320	12	5	好
露天硝铵炸药	1号	3600	300	>11	4	好
	2号	3525	250	>8	3	差
胶质炸药	普通62%	>6000	≥380	≥16	8	差
	耐冻62%	>6000	≥380	≥16	8	良好
	普通40%	>4500	≥360	≥15	5	良好
	耐冻40%	>4500	≥360	≥15	5	良好
	普通35%	>4500	≥340	≥13	6	良好
乳化炸药	CLH	4500~5500	295~330	15~17	—	良好
	RJ-1	4500~6400	301	16~19	9	良好
水胶炸药	SHJ-K	>3500	350	>15	>8	好

4.2.2 工业雷管

工业雷管是管壳中装有起爆药（由于起初装的起爆药是雷汞，故称雷管），通过点火装置使其爆炸而引爆炸药的装置。工业雷管是起爆器材中最重要的一种，根据其内部结构的不同，又分为有起爆药雷管和无起爆药雷管两大系列；按照引爆方式和起爆能源的不同，常用的工业雷管有火雷管、非电雷管和电雷管等，其中，电雷管又分为普通电雷管、磁电雷管和数码电子雷管；按作用时间分为瞬发雷管和延期（秒、半秒和毫秒延期）雷管。

工业雷管通常与导爆索连接，作为预裂爆破时导爆索网路的起爆器材。随着民爆爆破器材技术的不断进步，加之民爆行业产业政策的推动，工业雷管的产品类型和结构不断地调整变化，助推了工业雷管的迭代升级，同样促使着预裂爆破使用的雷管进行变化更新，出现了火雷管、电雷管、导爆管雷管和数码雷管等在预裂爆破中应用的发展阶段。

4.2.2.1 火雷管

火雷管是由导火索的火焰冲能激发而引起爆炸的工业雷管，其组成部分有管壳、加强帽、装药（分为主发装药和次发装药两种）（图4-4和图4-5）。火雷管是最基本的，也是最简单的雷管，其他雷管都是在火雷管的基础上发展起来的。

自工业雷管诞生以来，火雷管由于使用要求低、操作简单，一直是起爆工业

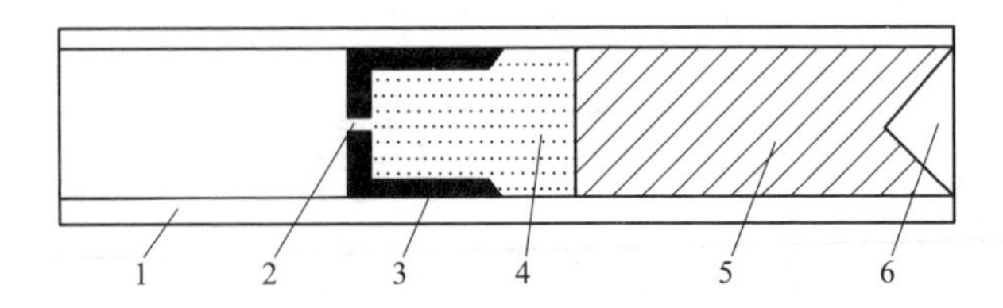

图 4-4　火雷管结构图

1—管壳；2—传火孔；3—加强帽；4—正起爆药；5—加强药；6—聚能穴

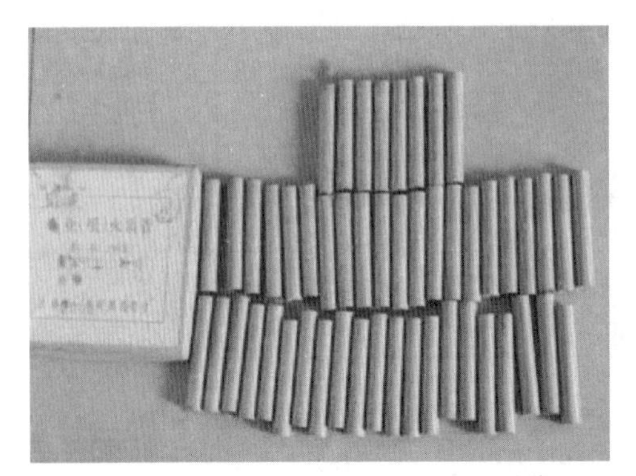

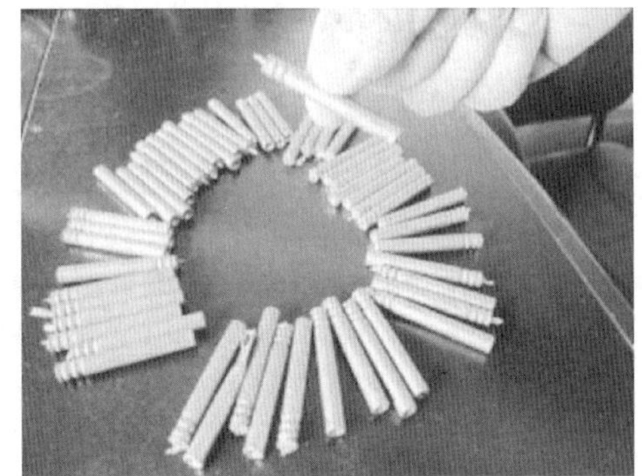

图 4-5　工业火雷管

炸药的主要起爆器材，广泛应用于我国矿山的爆破开采中；在预裂爆破早期，通常采用火雷管进行起爆，并应用了一段时间，直至 2008 年我国淘汰了火雷管，彻底结束了其在预裂爆破中的应用。

4.2.2.2　电雷管

20 世纪 80 年代以前，我国爆破工程用的雷管主要是瞬发电雷管，又称即发电雷管，常用的为 8 号瞬发雷管。为满足各类工程爆破技术上的要求，逐步发展了秒延期、半秒延期、毫秒延期的电雷管，在预裂爆破中得到了一定范围的推广应用（图 4-6~图 4-8）。

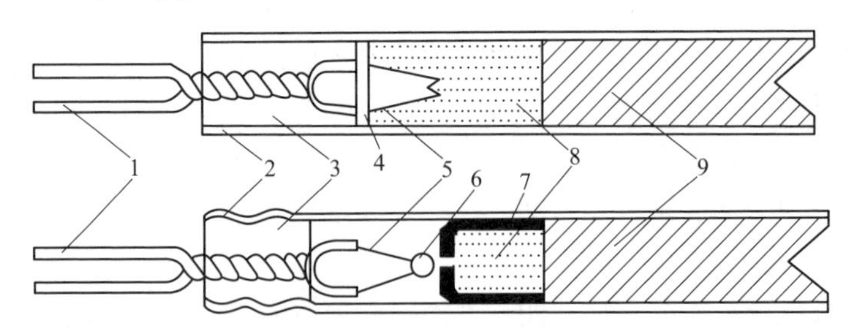

图 4-6　瞬发电雷管结构示意图

1—脚线；2—管壳；3—密封塞；4—纸垫；5—桥丝；6—引火头；
7—加强帽；8—正起爆药；9—副起爆药

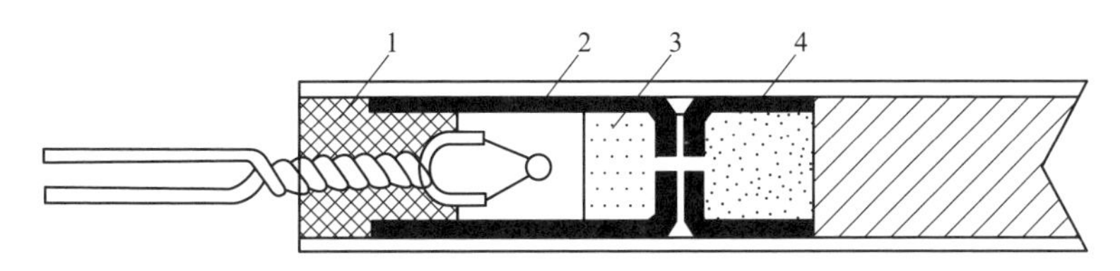

图 4-7 毫秒延期电雷管结构示意图

1—塑料塞；2—延期内管；3—延期药；4—加强帽

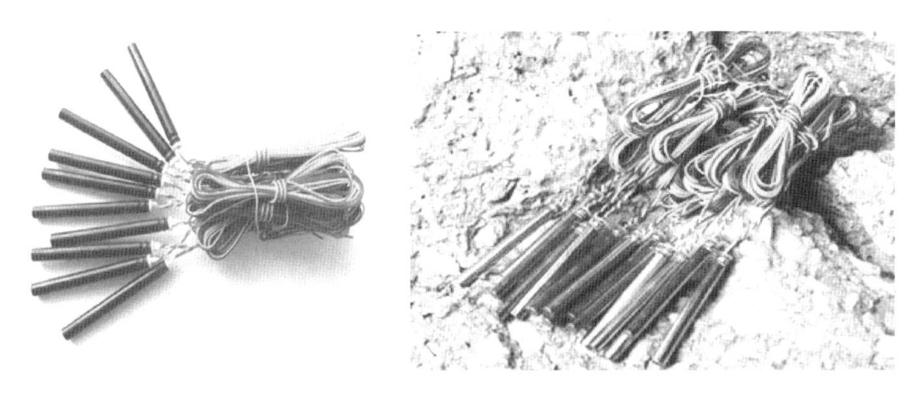

图 4-8 电雷管

4.2.2.3 导爆管雷管

导爆管雷管是典型的非电雷管，采用导爆管传递冲击波引爆。导爆管雷管是随导爆管起爆系统出现的新产品，它具有抗水、不受杂散电流及感应电影响、爆破网路连接形式多样及可实现炮孔间微差起爆、方法灵活等优点（图 4-9~图 4-11）。

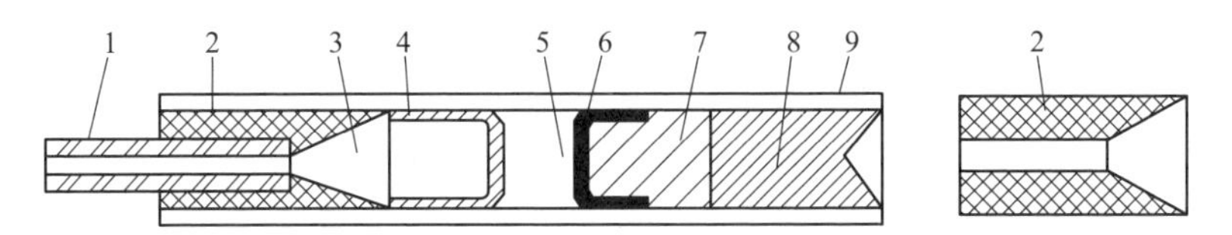

图 4-9 非电毫秒导爆管雷管结构示意图

1—塑料导爆管；2—塑料连接套；3—消爆空腔；4—空性帽；5—延期药；6—加强帽；7—正起爆药；8—副起爆药；9—金属管壳

20 世纪 70 年代，瑞典硝基诺贝尔和美国 EB 公司发明了导爆管传爆技术，掀起了起爆器材的一场革命，非电导爆管雷管作为新型起爆器材发展迅速，其品种、规格及产量大幅上升，在岩土爆破领域得到了普遍推广，并在预裂爆破中发挥了重要作用。

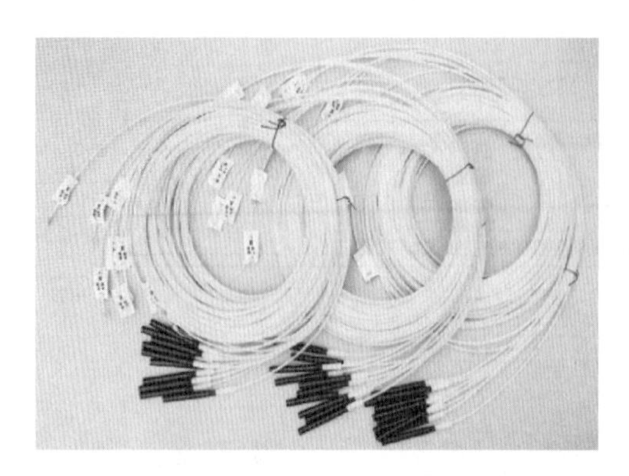

图 4-10　普通导爆管雷管

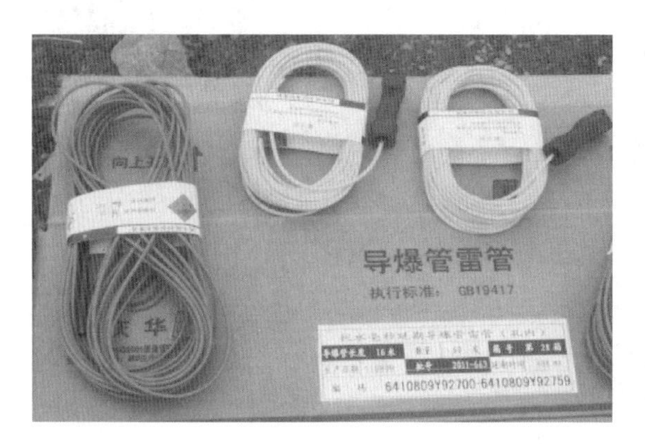

图 4-11　高精度导爆管雷管

4.2.2.4　数码电子雷管

电子雷管，又称数码电子雷管、数码雷管或工业数码电子雷管，是采用电子控制模块对起爆过程进行控制的电雷管。其中，电子控制模块是置于数码电子雷管内部，具备雷管起爆延期时间控制、起爆能量控制功能，内置雷管身份信息码和起爆密码，能对自身功能、性能以及雷管点火元件的电性能进行测试，并能和起爆控制器及其他外部控制设备进行通信的专用电路模块（图 4-12～图 4-16）。

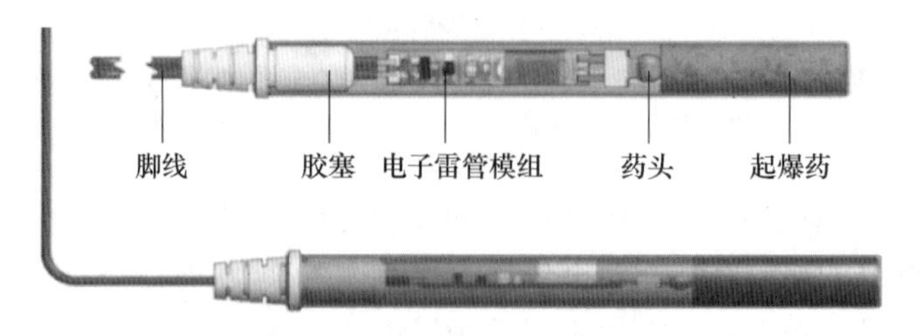

图 4-12　数码电子雷管结构图

图 4-13　数码电子雷管　　图 4-14　起爆器

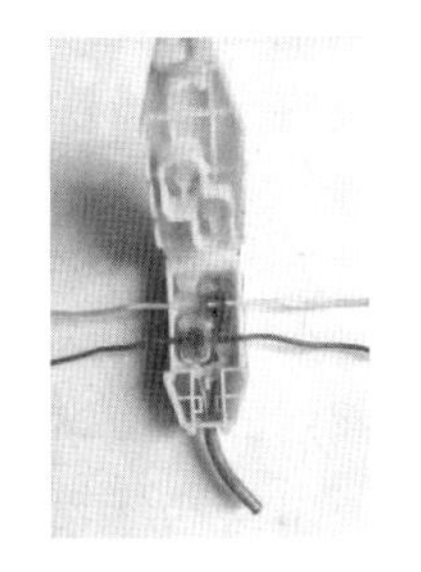

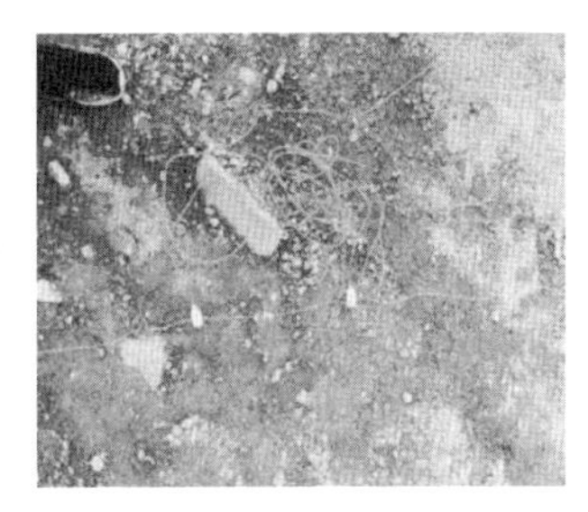

图 4-15　起爆网路连接

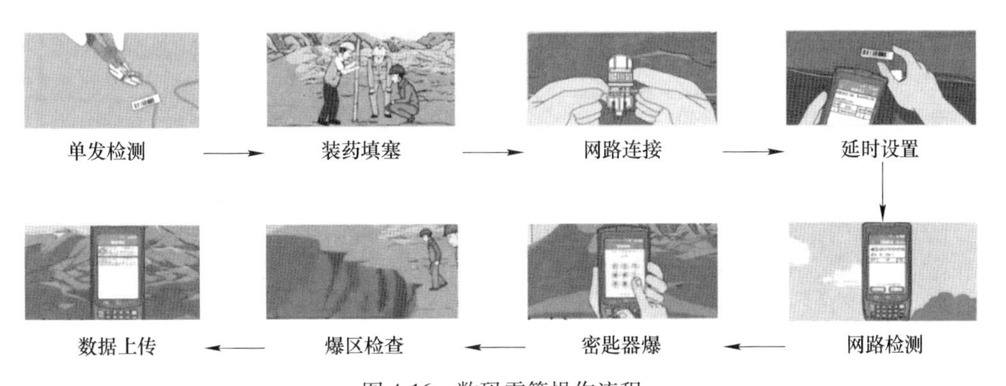

图 4-16　数码雷管操作流程

电子雷管技术的研发工作，始于 20 世纪 80 年代初，到 80 年代中期，电子雷管产品开始进入起爆器材市场。数码电子雷管及其起爆系统，推动了爆破技术水平的革新，在复杂的爆破环境下，改善了爆破效果。相比于传统工业雷管通过内置的化学延期药剂实现延期，电子雷管具有更高的安全性、延期时间精确性和起爆可靠性。电子雷管替代传统工业雷管是爆破技术发展的必然趋势。

2017 年底，我国开始推广使用电子雷管。2022 年 7 月 20 日，工信部发布

《关于进一步做好数码电子雷管推广应用工作的通知》，要求除保留少量产能用于出口或其他经许可的特殊用途外，2022年6月底前停止生产、8月底前停止销售除工业数码电子雷管外的其他工业雷管；2022年9月底前停止生产、11月底前停止销售煤矿许用工业电雷管；2023年6月底前停止生产、8月底前停止销售地震勘探电雷管。

近年来，受国家和行业政策支持，数码电子雷管逐渐成为工业雷管市场的主流产品。目前，我国是世界上最大的电子雷管生产国和使用国。根据我国《“十四五”民用爆炸物品行业安全发展规划》和主管部门的要求，我国电子雷管将逐步全面替代导爆管雷管、电雷管等其他类型的工业雷管。当然，今后我国的预裂爆破将全面使用数码电子雷管，预计未来国外也将实现数码雷管的全面替换。

4.2.3　工业导爆索

工业导爆索是用单质猛炸药黑索金（环三亚甲基三硝胺）或太安（季戊四醇四硝酸酯）作为索芯，用棉、麻、纤维及防潮材料包缠成索状的起爆器材。导爆索是一种用于传递爆轰波的爆破器材，经雷管起爆后，用以传爆或引爆炸药装药，可用于露天或无可燃气和煤尘爆炸危险场所的爆破作业。

导爆索具有一定的抗水性能和耐高温、低温性能（图4-17），导爆索起爆法具有传爆可靠、操作简单、使用方便的特点，在预裂爆破中普遍采用导爆索起爆网路。

图4-17　导爆索

工业导爆索索干表面颜色为橙色，每卷长度为（50±0.5）m（或按用户要求），索头套有索头帽或涂防潮剂。按照导爆索单位长度上的不同装药量表示不同输出能量，导爆索可分为低能导爆索、中能导爆索（普通导爆索）和高能导爆索三类，见表4-9。

表 4-9 导爆索分类表

名 称	装药量 Q/g · m^{-1}	装药量公差/g · m^{-1}
高能导爆索	$Q \geq 18$	±2.0
中能导爆索（普通导爆索）	$9 \leq Q < 18$	±1.5
低能导爆索	$Q < 9$	±1.0

工业导爆索按不同分类表示的代号见表 4-10。

表 4-10 导爆索代号表

名称	代号	备 注	代号示例
低能导爆索	DBX	DB 代表低能导爆索产品；X 表示装药质量，用阿拉伯数字的整数表示，代表每米长度标称装药克数	“DB5”代表装药量为 5 g/m 的低能导爆索
中能导爆索	PBX	PB 代表中能导爆索产品；X 同上	“PB11”代表装药量为 11 g/m 的中能导爆索
高能导爆索	GBX	GB 代表高能导爆索产品；X 同上	“GB40”代表装药量为 40 g/m 的高能导爆索

工业导爆索的性能见表 4-11。

表 4-11 导爆索性能指标表

性能名称	性 能 指 标
爆速	≥6000 m/s
传爆性	用 1 发 8 号雷管《导爆管雷管》（GB 19417—2003）引爆后导爆索应爆轰完全
抗水性	在深度为 1 m、水温为 10~25 ℃的静水中浸 5 h，引爆后导爆索应爆轰完全
耐热性	在（72±2)℃条件下保温 2 h 后，导爆索应不自燃、不自爆，表面不应破裂，引爆后导爆索应爆轰完全
耐寒性	在（−40±2)℃条件下冷冻 2 h 后，导爆索不应撒药及露出内层线，涂层不应破裂，引爆后导爆索应爆轰完全
抗拉性	承受静拉力应不小于 400 N，保持 30 min，按照《工业导爆索试验方法》（GB/T 13224—1991）的规定进行试验后不应拉断，引爆后导爆索应爆轰完全

4.3 预裂爆破钻孔机具

预裂爆破在矿山、水利水电、交通运输等领域都已得到广泛应用。由于岩体条件、应用场景和工程需要等的不同，不同领域使用的钻机类型也存在很大差别，主要有气腿式凿岩机、潜孔钻机、牙轮钻机和露天凿岩台车等。

4.3.1　气腿式凿岩机

当井巷、隧道等地下工程采用预裂爆破时，孔径一般为 40~50 mm，孔深在 1.5~3.0 m；由于孔径和孔深小，因此通常采用气腿式凿岩机进行钻孔；有些水利水电工程中也采用该设备进行钻孔，以取得更好的预裂爆破效果。

气腿式凿岩机靠压缩空气推动活塞往复运动，冲程时活塞打击钎尾，回程时活塞带动钎具回转，实现岩石的破碎与钻进；适用于中硬或坚硬岩石湿式凿岩；具有操作维修方便、价格低廉等优点，同时具有凿孔速度低、作业噪声大、劳动强度大等缺点。

气腿式凿岩机重量较轻，安装在气腿上，使用时需用手扶着进行操作，气腿能起支撑和推进作用，常见的型号主要有 YT23(7655)、YT24、YT28、YTP26 等（图 4-18、图 4-19 和表 4-12）。

图 4-18　YT23(7655) 型凿岩机

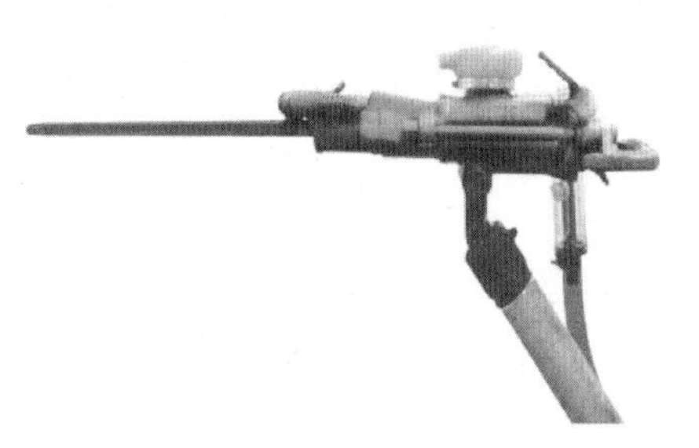

图 4-19　YT28 型凿岩机

表 4-12　浙江红五环气腿式凿岩机性能参数表

型　号	HY18	HY20	HY24	HY26A	YT28A-D
全长/mm	556	556	678	670	656
缸径/mm	58	64	70	76	80
活塞行程/mm	50	52	70	62	60
使用气压/MPa	0.4~0.5	0.4~0.5	0.5	0.5	0.5
耗气量/$m^3 \cdot min^{-1}$	1.4	1.7	2.8	3.2	3.8
气管内径/mm	19	19	19	25	25
钎尾规格/mm	B22×108	B22×108	B22×108	B22×108	B22×108
整机质量/kg	18	18	24	25	27
配套气腿	手持/FT100				

4.3.2　潜孔钻机

潜孔钻机采用钻杆带动潜入孔底的风动冲击器和钻头一起旋转，利用风动冲击器的活塞冲击钻头破碎矿岩，钻孔直径通常为80~250 mm；可以在中硬以上（$f \geqslant 8$）的岩石中钻孔。潜孔钻机在凿岩过程中使冲击器潜入孔内，可以减小由于钎杆传递冲击功而造成的能量损失，从而减小孔深对凿岩效率的影响。潜孔凿岩于1932年始于国外，首先用于地下矿钻凿深孔，后来用于露天矿。

根据《凿岩机械与气动工具产品型号编制方法》（JB/T 1590—2010），钻机的类别及特征代码见表4-13。

表4-13 钻机的类别及特征代码表

类别	组 别			特性代码	产品名称及特征代码
钻（孔）机K	潜孔钻机Q	气动、半液压	履带式L	低气压	履带式潜孔钻机KQL
				中气压Z	履带式中压潜孔钻机KQLZ
				高气压G	履带式高压潜孔钻机KQLG
			轮胎式T	低气压	轮胎式潜孔钻机KQT
				中气压Z	轮胎式中压潜孔钻机KQTZ
				高气压G	轮胎式高压潜孔钻机KQTG
			柱架式J	低气压	柱架式潜孔钻机KQJ
				中气压Z	柱架式中压潜孔钻机KQJZ
				高气压G	柱架式高压潜孔钻机KQJG
		液压Y	履带式L	—	履带式液压潜孔钻机KQYL
			轮胎式T	—	轮胎式液压潜孔钻机KQYT
		电动D	—	—	电动潜孔钻机KQD

潜孔钻机的分类如下：

（1）按使用地点分为露天潜孔钻机和地下潜孔钻机。

（2）按有无行走机构分为自行式潜孔钻机和非自行式潜孔钻机两类：自行式潜孔钻机又分为轮胎式潜孔钻机和履带式潜孔钻机；非自行式潜孔钻机又分为支柱（架）式潜孔钻机和简易式潜孔钻机。

（3）按使用气压分为普通气压潜孔钻机（0.5~0.7 MPa）、中气压潜孔钻机（1.0~1.4 MPa）和高气压潜孔钻机（1.7~2.5 MPa），有时将中气压潜孔钻机和高气压潜孔钻机统称为高气压潜孔钻机。

（4）按钻机钻孔直径及重量分为轻型潜孔钻机（孔径在80~100 mm以下，整机重量在3~5 t）、中型潜孔钻机（孔径在130~180 mm，整机重量在10~15 t）、重型潜孔钻机（孔径在180~250 mm，整机重量在28~30 t）、特重型潜孔钻机（孔径大于250 mm，整机重量不小于40 t）。

（5）按驱动动力分为电动式潜孔钻机和柴油机式潜孔钻机。电动式潜孔钻机维修简单，运行成本低，适用于有电网的矿山。柴油机式潜孔钻机移动方便，机动灵活，可用于没有电源的作业点。

（6）按结构型式分为分体式潜孔钻机和一体式潜孔钻机。分体式潜孔钻机结构简单、轻便，但需另外配置空压机；一体式潜孔钻机移动方便，压力损失小，钻机钻孔效率高。

KQ 系列和 KQG 系列潜孔钻机的基本参数见表 4-14 和表 4-15。

表 4-14 KQ 系列潜孔钻机基本参数

基本参数	KQ-80	KQ-100	KQ-120	KQ-150	KQ-170	KQ-200	KQ-250
钻孔直径/mm	80	100	120	150	170	200	250
钻孔深度/m	25	25	20	17.5	18	19.3	18
钻孔方向/(°)	60，75，90						
爬坡能力/(°)	≥14						
冲击器的冲击功/N · m	≥75	≥90	≥130	≥260	≥280	≥400	≥600
冲击器冲击次数/次 · min^{-1}	≥750	≥750	≥750	≥750	≥850	≥850	≥850
机重/t	≤4	≤6	≤10	≤16	≤28	≤40	≤55

表 4-15 KQG 系列潜孔钻机基本参数

型　号	KQG-100	KQG-150
钻孔或钻具直径/mm	100	150
最大钻孔深度/m	40	17.5
钻孔方向/(°)	多方位	60，75，90（与水平面夹角）
推进力/kN	9	10
一次推进行程/m	3	9
钻具回转速度/r · min^{-1}	38.6	20.7，29.2，42.9
行走速度/km · h^{-1}	≈1	≈1
爬坡能力/(°)	20	14
耗气量/m^3 · min^{-1}	2.28~13.26	6.6~26.1
使用风压/MPa	1.05~2.5	1.05~2.5
机重/t	9	16

注：KQG-100 钻机钻孔方向多方位系指该机有多方位性能，即横向内倾角在-5°~-90°，纵向外倾角在 0°~90°。

此外，我国于 20 世纪 50 年代开始生产仿苏 БА-100 型潜孔钻机，于 70 年代开始自行研制 YQ-100 型潜孔钻机；溪洛渡和小湾水电站等边坡预裂爆破工程中采用 YQ-100 型潜孔钻机和改进的 YQ-100B 型潜孔钻机。另外，在三峡水利枢纽工程预裂爆破中还采用了阿特拉斯 CM-351 高风压钻机。

当前，潜孔钻机的型号和系列众多，主要有浙江红五环、浙江志高、河北宣化金科、湖南山河智能、阿特拉斯等品牌（图4-20~图4-27，表4-16~表4-21）。不同生产厂家的型号也不同，虽然在各种预裂爆破工程中应用的钻机厂家和型号不同，但预裂炮孔的直径基本一致，主要有 ϕ90 mm、ϕ100 mm、ϕ120 mm、ϕ150 mm 等，只要爆破参数、装药结构等控制合理，就可以取得较好的预裂爆破效果。

图4-20　YQ-100型潜孔钻机

图4-21　阿特拉斯CM351潜孔钻机

(a) A3型潜孔钻机

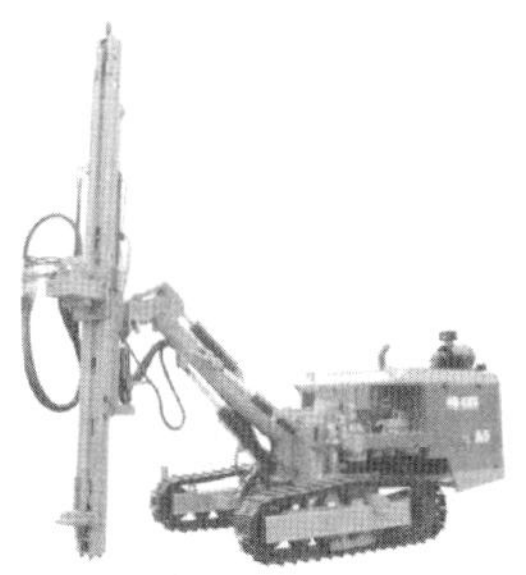

(b) A5型潜孔钻机

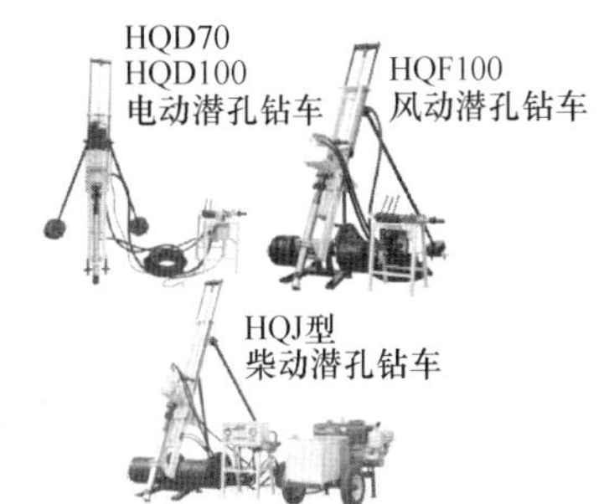

(c) 架子钻潜孔钻机

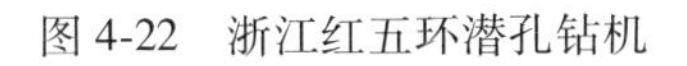

图4-22　浙江红五环潜孔钻机

(a) ZGYX-420B/420B-1型潜孔钻机

(b) ZGYX-425-1/425G型潜孔钻机

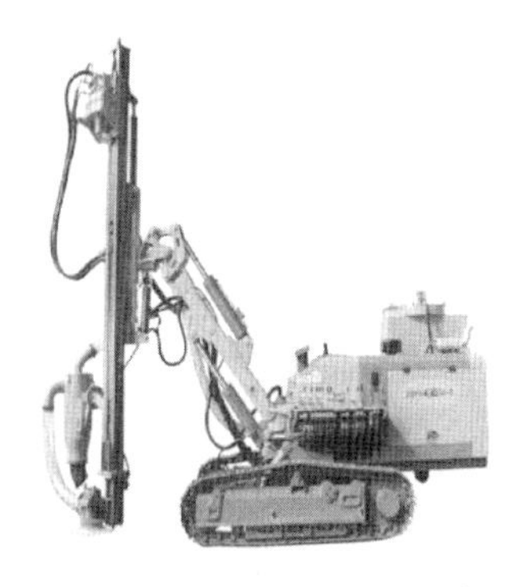

(c) ZGYX-430/430-1型潜孔钻机

图4-23　浙江志高分体式露天潜孔钻机

(a) ZGYX-452T/452H型潜孔钻机

(b) ZGYX-454型潜孔钻机

(c) ZGYX-660A型潜孔钻机

图 4-24　浙江志高一体式露天潜孔钻机

(a) JK830潜孔钻机

(b) JK690潜孔钻机

(c) JK650-2潜孔钻机

图 4-25　河北宣化金科一体式全液压潜孔钻机

(a) 钻臂式潜孔钻机

(b) 高架式潜孔钻机

(c) 分体式潜孔钻机

图 4-26　湖南山河智能潜孔钻机

(a) D50潜孔钻机

(b) D40潜孔钻机

(c) T35潜孔钻机

图 4-27 AirROC 露天潜孔钻机

表 4-16 浙江红五环潜孔钻机主要性能参数表

钻机型号	A3、A3A	A2	A4、A4A	A5、A5A	A6
孔径范围/mm	90~115	80~105	90~140	95~140	95~160
空压机压力/MPa	0.8~1.3	0.8~1.6	0.8~2.0	1~2.4	1~2.4
排气量/$m^3\cdot min^{-1}$	10~12.5	10~15	10~18	14~35	14~35
发动机功率/kW	58	58	73.5	73.5	88

表 4-17 浙江红五环架子钻潜孔钻机性能参数表

钻机型号	HQD70	HQD100A	HQJ100A 柴动	HQJ100A 电动	HQF100
适用岩石	f=6~20	f=6~20	f=6~20	f=6~20	f=6~20
钻孔直径/mm	50~80	68~130	68~100	68~100	68~130
钻孔深度/m	≥15	≥20	≥20	≥20	≥20
动力/kW	3	4	12.1	7.5	4
回转速度/$r\cdot min^{-1}$	90	90	0~70	0~70	110~160
耗气量/$m^3\cdot min^{-1}$	≥3.5	≥7	≥7	≥7	≥12
使用气压/MPa	0.5~0.7	0.5~0.7	0.5~0.7	0.5~0.7	0.5~0.7
缸体直径/mm	90	140	50	50	140
最大提升力/kN	4.2	7	15	15	7
最大推进力/kN	3.5	5	4.5	4.5	5
钻机重量/kg	175	260	260	260	260

表 4-18 浙江志高露天潜孔钻机参数表

钻机型号		ZGYX-420B/420B-1	ZGYX-412A/412A-1	ZGYX-416/412-1	ZGYX-425-1/425G	ZGYX-430/430-1	ZGYX-420D	ZGYX-845-1	ZGYX-452T	ZGYX-452H	ZGYX-421T/422T	ZGYX-454	ZGYX-660A	ZGYX-650A
钻机类型		分体式露天潜孔钻机							一体式露天潜孔钻机					
									通用系列			一体式，自动潜孔式	一体式，自动顶锤式	
车体规格	总质量/t	4/4.4	3.35/3.76	3.83/4.27	6.23/6.5	5.82/6.46	4.55	7.46	8.86	10	6.8	15	16.5	11.2
	全长/m	5.70	4.90	5.70	7.00	7.37	5.10	7.30	9.00	9.00	6.00	11.20	—	
	全宽/m	2.13	2.00	2.13	2.25	2.36	2.26	2.23	2.36	2.36	2.30	2.36	—	
	全高/m	2.20	2.20	2.20	2.70	2.56	2.50	2.70	3.00	3.00	2.75	3.10	—	
底盘	行走速度/$km \cdot h^{-1}$	2.5	2.5	2.5	2.5	3	3		3.3	3.3（高速），1.5（低速）	2/3	3（高速），2（低速）	3.2（高速），1.5（低速）	3.5（高速），1.3（低速）
	爬坡角度/(°)	30	25	25	25	30	25	25	25	25	30	25	25	25
发动机	额定功率/kW	58	36.8	58	73.5/88（高原型）	58，73.5	55	73.5	191	176	162	264	168	119
空压机	工作风压/MPa	—	—	—	0.7~2.5	0.7~2.5	0.7~2.5	0.7~2.5	18	18	15	21	10.5	8.5
	耗气量/$m^3 \cdot min^{-1}$	—	—	—	—	10~20	8~20	10~20	17	15	12	19	7.8	4.7
回转马达	回转速度/$r \cdot min^{-1}$	0~150	70~150	0~150	0~100	0~100	0~100	65~95	0~115	0~92	60~120	—	—	
	最大工作扭矩/N·m	2200	1650	1950	3200	3500	3200	3600	2200	1900	1950	4000	—	
钻杆储杆器	钻孔直径/mm	90~130	90~110	90~127	110~138	110~165	110~138	90~165	90~130	90~130	90~115	115~152	76~115	64~102
	钻孔深度/m	—	—	—	30	30	30	30	21	24	20	—	—	
	钻杆类型/mm	ϕ76×3000	ϕ60×2000	ϕ60×3000	ϕ76×3000	ϕ76×3000	ϕ76×3000	ϕ76×3000	ϕ76×3000（选配 ϕ68×3000）	ϕ76×3000（选配 ϕ68×3000）	ϕ60×3000	ϕ89×5000	T51（T45）×3660	T38（T45）×3660

表 4-19 河北宣化金科履带式一体式全液压潜孔钻机参数表

钻机型号		JK830	JK820	JK810	JK690	JK650-2（辅助接卸杆）
车体规格	总质量/t	25	21	18	14	12
	全长/m	9.785	9.92	9.92（运输）	8.75	7.863
	全宽/m	3.20	2.70	2.70	2.90（带除尘）	2.40
	全高/m	3.50	3.50	3.30	3.35	3.08
底盘	行走速度/km · h^{-1}	2（低速），3（高速）	44960	2（低速），3（高速）	2.5（低速），3.5（高速）	2（低速），3（高速）
	爬坡度/(°)	20	20	20	27	27
发动机	型号	QSZ13-C450-30（康明斯）	QSM11-C420-30	QSL8.9-C360-30	WP7G300E300	QSC8.3-C260-30
	额定功率/转速 /kW/(r · min^{-1})	335/2100	306/1900	264/2100	220/2300	194/2100
空压机	型号	Atlas Copco	Atlas Copco	Atlas Copco 2 级螺杆空压机	Atlas Copco	Atlas Copco
	压力/MPa	2.4	2.4	2	2	1.7（高压）
	最大输出流量 /m^3 · min^{-1}	30	24	19.8	18.5	17
回转马达	回转速度/r · min^{-1}	0~70	0~120	0~120	0~140	0~70
	最大扭矩/N · m	3900	3600	3300	3300	3300
钻杆储杆器	钻孔直径/mm	ϕ138~235	ϕ140~190	ϕ90~165	ϕ90~160	ϕ90~160
	钻孔深度/m	30	35	28	21	
	钻杆直径/mm	102/114	ϕ89/ϕ102	ϕ76/ϕ89	ϕ76/ϕ89	ϕ60/ϕ76
	钻杆长度/m	5	5	4	3	3
	储杆能力/支	5+1	6+1	6+1	6+1	5+1
除尘器	除尘方式	全液压除尘（带湿式除尘）	全液压除尘	全液压除尘	液压干式除尘（选配湿式）	液压干式除尘（选配湿式）

表 4-20　湖南山河智能露天潜孔钻机参数表

钻机型号		SWDE 120S-3	SWDE 138S	SWDE 152S	SWDE 120B-3	SWDE 138B	SWDE 152B	SWDE 165B-2	SWDE 200B	SWDE 165A	SWDB 165A	SWDB 200A	SWDB 250	SWDA 165C	SWDA 200C	SWDA 250C	SWDA 138
钻机类型		钻臂式									高架式						分体式
车体规格	总质量/t	14. 2	15. 5	22. 5	14. 5	15. 5	22. 5	23. 5	24	25	25	30	32	28	30	32	12
	全长（工作）/m	7. 9	8. 2	9. 2	7. 9	8. 2	9. 2	9. 5	9. 5	9. 8	7. 5	7. 5	7. 5	8. 4	8. 5	8. 5	6. 3
	全宽（工作）/m	2. 5	2. 5	2. 7	2. 5	2. 5	2. 7	2. 7	2. 7	4. 35	4. 65	4. 68	4. 68	4. 65	4. 68	4. 68	2. 5
	全高（工作）/m	7. 65	7. 65	10. 45	7. 65	7. 65	10. 45	10. 45	10. 45	9. 96	12	13. 8	13. 8	12	13. 8	13. 9	6. 2
底盘	行走速度/$km \cdot h^{-1}$	3. 2	3. 2	3. 2	3. 2	3. 2	3. 2	3. 2	3. 2	3. 2	3. 2	2. 8	2. 8	2. 8	2. 8	2. 8	3. 2
	爬坡角度/(°)	25	25	25	25	25	25	25	25	25	25	25	25	25	25	25	25
发动机	额定功率/转速 /kW/($r \cdot min^{-1}$)	194/ 2200	264/ 2100	—	242/ 2100	264/ 2100	264/ 2100	336/ 1800	410	97/ 2200	97/ 2200	97/ 2200	97/ 2200	97/ 2200+ 60	97/ 2200+ 74	97/ 2200+ 74	82/ 2200
空压机	工作风压/MPa	20	20	21	17	21	21	24	24	21/25	20	20. 7	20. 7	20. 7	20. 7	20. 7	13. 8~20
	耗气量/$m^3 \cdot min^{-1}$	16. 5	18	21. 5	16. 2	19. 3	19. 3	24. 1	30. 3	24. 1/ 22. 1	24. 1	30. 3	34	28. 3	30. 3	32. 6	12~21. 2
回转马达	回转速度/$r \cdot min^{-1}$	110	110	105	110	110	105	105	95	105	105	50	50	85	50	50	70
	最大工作扭矩 /N · m	3000	3800	4500	3000	3800	4500	550	5650	5500	5500	6000	6620	5500	6000	6620	3000
钻杆储杆器	钻孔范围/mm	90~ 138	115~ 152	138~ 165	90~ 138	115~ 152	138~ 165	138~ 180	152~ 230	138~ 180	138~ 180	180~ 225	230~ 270	138~ 180	180~ 225	230~ 270	115~ 152
	经济钻孔/mm	115	140	152	115	140	152	165	203	165	165	216	255	165	216	255	140
	钻孔深度/m	28	28	36	28	28	36	36	36	36	25	30	30	25	30	30	18
	钻杆直径/mm	76	76/89	102	76	76/89	102	102/114	114	114	110/133	146	146	110/133	146	146	76/89
	钻杆长度	4m×7	4m×7	6m×6	4m×7	4m×7	6m×6	6m×6	6m×6	6m×6	8. 5m×3	10m×3	10m×3	8. 5m×3	10m×3	10m×3	3m×6

表 4-21 阿特拉斯·科普柯（Atlas Copco）露天潜孔钻机参数表

型号		AirROC D40	AirROC D50	AirROC T25	AirROC T35	FlexiROC T35	FlexiROC D50	FlexiROC D55	FlexiROC D60	FlexiROC D65
钻孔直径/mm		85~115	105~140	64~102	64~102	64~115	90~130	90~152	110~178	110~203
最大钻孔深度/m		29.4	29.4	15	15	28	45	45	55.5	55.5
最大行车速度/km·h^{-1}		3.2	3.0	3.2	3.0	3.0	3.3/1.8	3.3/1.8	3.3/1.8	3.3/1.8
最大牵引力/kN		16.5	32.5	16.5	32.5	20	138	138	138	138
驾驶室		无	无	无	无	有	有	有	有	有
发动机功率/kW		—	—	—	—	168	287	328	354	403
尺寸/m	高度	1.78	2.43	1.78	2.43	3.50	3.50	3.50	3.50	3.50
	长度	5.45	5.75	5.45	5.75	11.97	11.35	11.35	11.60	11.60
	宽度	1.88	2.48	1.88	2.48	2.49	2.50	2.50	2.50	2.50
重量/t		2.52	4.80	2.48	4.80	15.35	22.30	22.50	22.60	24.10

4.3.3 牙轮钻机

牙轮钻机的工作原理为：通过钻机的旋转和推压机构驱动钻头连续旋转，对钻头施加轴向压力，以旋转压力和强静压的形式破坏与钻头接触的岩石；钻孔时，将压缩空气通过钻杆和钻头中的风孔注入孔底，用压缩空气将孔底的破碎岩渣吹出孔外，形成炮孔。牙轮钻机钻具主要由牙轮钻头、钻杆和稳杆器组成。

牙轮钻机具有钻孔效率高，生产能力大，作业成本低，机械化、自动化程度高，适用于各种硬度矿岩（f=4~20）的钻孔作业等优点，是当今世界露天矿广泛使用的最先进钻孔设备；但其缺点为价格贵，设备重量大，初期投资大，要求有较高的技术管理水平和维护能力。

牙轮钻机按作业场地分为露天矿牙轮钻机和地下矿牙轮钻机。露天矿牙轮机可按其回转和加压方式、动力源、行走方式、钻机负载等进行分类，见表4-22。

表 4-22　露天矿牙轮钻机的分类和主要特点及适用范围

分　类		主要特点	适用范围
按回转和加压方式分类	卡盘式	底部回转间断加压；结构简单，效率低	已淘汰
	转盘式	底部回转连续加压；结构简单可靠，钻杆制造困难	已被滑架式取代
	滑架式	顶部回转连续加压；传动系统简单，结构坚固，效率高	大中型钻机均为滑架式，广为适用
按动力源分类	电力	系统简单，便于调控，维护方便	大中型矿山
	柴油机	适用地域广，方便调控，能力小	多用于新建矿山和小型钻机
按行走方式分类	履带式	结构坚固	大中型矿山露天采场作业
	轮胎式	移动方便，灵活，能力小	多为小型钻机
按钻机负载分类	小型	孔径≤150 mm，轴压力≤200 kN	小型矿山
	中型	孔径≤280 mm，轴压力≤400 kN	中型、大型矿山
	大型	孔径≤380 mm，轴压力≤550 kN	大型矿山
	特大型	孔径>445 mm，轴压力≤650 kN	特大型矿山

目前，国内外牙轮钻机一般在中硬及中硬以上的矿岩中钻孔，其钻孔直径为130~380 mm，钻孔深度为14~18 m，钻孔倾角多为60°~90°（表 4-23）。

表 4-23　牙轮钻机性能参数表

钻孔范围/mm		95~150	151~200	201~250	251~310	311~380	381~445
轴压力/kN		约 150	150~250	250~350	350~450	450~530	530~600
钻具钻速/r · min^{-1}		>140	140~125	125~120	120~115	115~110	<110
钻具扭矩/kN · m		<4	4~4.8	4.8~6.5	6.5~8	8~9.5	9.5~11.5
排渣风量/m^3 · min^{-1}		<20	20~24	24~30	30~40	40~60	60~77
总安装功率/kW		<260	260~320	320~380	380~480	480~580	580~680
钻机重量/t		<30	30~40	40~85	85~115	115~130	130~145
外形尺寸/m	长	8	8~10	10~11.5	11.5~12.5	12.5~13.5	>13.5
	宽	<3.3	3.3~4.5	4.5~5.8	5.8~6	6~6.2	>6.2
	高	13.5	13.5~14	14~24.5	24.5~25.5	25.5~26.5	26.5

在预裂爆破中，牙轮钻机主要穿凿大直径垂直钻孔，孔径为200~310 mm，如首钢水厂铁矿、南芬露天铁矿分别采用45R型牙轮钻机、YZ-55A型牙轮钻机进行预裂爆破钻孔，孔径分别为 ϕ250 mm、ϕ310 mm。

当前，牙轮钻机的生产厂家主要有衡阳衡冶重型机械有限公司（原湖南衡阳冶金机修厂）、南昌凯马有限公司、中信重型机械公司洛阳矿山机器厂、山河智能装备股份有限公司、阿特拉斯 · 科普柯（Atlas Copco）公司等（图 4-28）。

(a) 衡阳YZ35型牙轮钻机

(b) 南昌凯马KY250-A型牙轮钻机

(c) 南昌凯马KY250-D型牙轮钻机

(d) 山河智能型牙轮钻机

图 4-28 矿山牙轮钻机

（1）衡阳衡冶重型机械有限公司 YZ 系列牙轮钻机主要性能参数见表 4-24。

表 4-24 YZ 系列牙轮钻机主要性能参数表

<table>
<tr><th>型号</th><th>YZ-12</th><th>YZ-35A</th><th>YZ-35B</th><th>YZ-35C</th><th>YZ-35D</th><th>YZ-55</th><th>YZ-55A</th></tr>
<tr><td>钻孔直径/mm</td><td>95~170</td><td colspan="4">170~270</td><td>310~380</td><td>310~380</td></tr>
<tr><td>标准孔径/mm</td><td>150</td><td colspan="4">250</td><td>310</td><td>380</td></tr>
<tr><td>一次连续钻孔深度/m</td><td>7.5（结杆 22）</td><td colspan="4">18.5</td><td>16.5~19</td><td>19</td></tr>
<tr><td>钻孔方向/(°)</td><td>70~90</td><td colspan="4">90</td><td>90</td><td>90</td></tr>
<tr><td>回转速度 /r · min^{-1}</td><td>0~140</td><td colspan="2">0~90</td><td colspan="2">0~90 或 0~120</td><td>0~120</td><td>0~90，0~150</td></tr>
<tr><td>回转扭矩 /kN · m</td><td>1.56</td><td colspan="2">9.2</td><td colspan="2">9.2</td><td>9.0</td><td>11.5</td></tr>
<tr><td>回转功率/kW</td><td>20</td><td colspan="2">75</td><td colspan="2">75</td><td>95</td><td>75×2</td></tr>
<tr><td>轴压力/kN</td><td>0~120</td><td colspan="4">0~350</td><td>0~550</td><td>0~600</td></tr>
<tr><td>钻具推进速度 /m · min^{-1}</td><td>0~1.82</td><td>0~1.33</td><td>0~1.33</td><td>0~1.33</td><td>0~1.33，0~2.2</td><td>0~1.98</td><td>0~3.3，0~1.98</td></tr>
<tr><td>行走速度/km · h^{-1}</td><td>0~1.8</td><td>0~1.38</td><td>0~1.38</td><td>0~1.5</td><td>0~1.5</td><td>0~1.1</td><td>0~1.14</td></tr>
<tr><td>爬坡能力/%</td><td>30</td><td colspan="4">15，25</td><td>25</td><td>25</td></tr>
<tr><td>排风量 /m^3 · min^{-1}</td><td>18</td><td>37</td><td>30</td><td colspan="2">36，40</td><td>40</td><td>40，42</td></tr>
<tr><td>排风压力/MPa</td><td>0.28</td><td>0.28</td><td>0.45</td><td colspan="2">0.45~0.5</td><td>0.45</td><td>0.45~0.5</td></tr>
<tr><td>钻杆直径/mm</td><td>70~130</td><td colspan="4">133~219</td><td>273~325</td><td>273~325</td></tr>
<tr><td>装机容量/kW</td><td>146</td><td>341</td><td>405</td><td colspan="2">400~470</td><td>467</td><td>530，560</td></tr>
<tr><td>整机重量/t</td><td>约 30</td><td>约 85</td><td>约 90</td><td colspan="2">约 95</td><td>约 140</td><td>约 150</td></tr>
</table>

（2）南昌凯马有限采矿机械分公司 KY 系列牙轮钻机主要性能参数见表 4-25。

表 4-25　KY 系列牙轮钻机主要性能参数表

型号	KY-150	KY-200	KY-200B	KY-250	KY-250A	KY-250B	KY-250D	KY-310
钻孔直径/mm	120，150	150，200	150，200	220～250	220～250	250	250	250～310
钻孔深度/m	20	16～21	17	17	17	18	17	17.5
一次连续钻孔深度/m	9.5	8～9.5	8.5	8.5	17	18	17	17.5
钻孔方向/(°)	70～90	70～90	90	90	90	90	90	90
回转速度/r·min^{-1}	40，60，90	0～120	0～120	0～115	0～88	0～100	0～88	0～100
回转扭矩/kN·m	4.67，3.98，2.96	3.87	3.75	6.55	6.15	15（最大）	7.93	19.6（最大）
回转功率/kW	28	30	30	50	50	100	60	54
轴压力/kN	127.4	0～156.8	0～160	0～412	0～343，0～206	0～580	0～370	0～490
钻具推进速度/m·min^{-1}	0.17～3.4	0～3.0	0～1.2	0～1.17，0～2.34	0～0.94，0～2.1	0～2.0	0～2.1	0.098～0.98，0～4.5
行走速度/km·h^{-1}	0.85	0～1.0	0～1.0	0.72	0.73	0～1.2	0～1.0	0～0.6
爬坡能力/%	25	21	21	21	21	21	21	21
排风量/m^3·min^{-1}	25	18	27	30	30	36	36	40（螺杆）37（滑片）
排风压力/MPa	0.4～0.7	0.4	0.45	0.35	0.35	0.5	0.5	0.343（螺杆）0.274（滑片）
钻杆直径/mm	104，114	114，140，159，168	140，159，168	194，219	194，219	219	219	219，273
装机容量/kW	315.2	233.5	—	385	365.5	—	390	394
整机重量/t	41.5	40	46.3	85.9	93	105	105	150

（3）中信重型机械公司洛阳矿山机器厂 KY 系列牙轮钻机主要性能参数见表 4-26。

表 4-26 KY 系列牙轮钻机主要性能参数表

型号	KY-150A	KY-150B	KY-200	KY-200A	KY-250A	KY-250B1	KY-259B2	KY-250C	KY-310	KY-380
钻孔直径/mm	150	150	150~200	150~200	220~250	250	250~310	250	250~310	310~380
钻孔方向/(°)	65~90	90	70~90	70~90	垂直	垂直	90	垂直	垂直	垂直
钻孔深度/m	17	17	15，21	15	17	17	18	18	17.5	17
最大轴压/kN	160	120	160	196	207，253	207，253	0~450	400	500（交流），310（直流）	550
钻进速度/$m \cdot min^{-1}$	0~2	0~2.08	0~3	0~3	0~0.94，0~2.1	0~1.24，0~2.78	0~9	0~25	0~0.98（交流），0~4.5（直流）	0~8.8
回转速度/$r \cdot min^{-1}$	0~113	0~120	0~100	0~120	0~88	0~88	0~120	0~150	0~100	0~108
回转扭矩/N·m	3026~7565	5500	3679~9197	3950~9375	6270	6270	16910	13500	7210	8829
行走方式	履带	液压驱动履带			履带			液压驱动履带		履带
行走速度/$km \cdot h^{-1}$	1.3	1.3	1	1	0.73	0.73	1.2	0~1	0~0.6	0~1
爬坡能力/(°)	12	14	12	12	12	12	14	14	12	14
排渣风量/$m^3 \cdot min^{-1}$	18	19.5	18	27	30	30	40	40	40	50
排渣风压/MPa	0.4	0.5	0.35	0.4	0.35	0.35	0.45	0.4	0.35	0.35
安装功率/kW	240	315	320	320	400	400	500	500	405	630
机重/t	33.56	41.25	38.95	48	93	95.5	107	105	123	125

（4）山河智能装备股份有限公司智能牙轮钻机主要性能参数见表 4-27。

表 4-27　山河智能牙轮钻机主要性能参数表

钻机型号			SWDRT250	SWDRT250H	SWDRT310
动力类型			柴动	柴电一体	电动
作业参数	钻孔范围/mm		200~250	200~270	250~310
	经济钻孔/mm		230	250	310
	钻杆直径/mm		133/159/194	159/194/219	219/255
	钻杆长度		10 m×5	10 m×5	10 m×5
	钻孔深度/m		48	48	48
回转马达	功率/kW		90	110	120
	回转扭矩/N·m		11000	13800	16000
	回转速度/r·min^{-1}		0~160	0~120	0~120
发动机	功率/转速/kW/(r·min^{-1})		298/2100	179/2050	—
	排气压力/MPa		2.5/1.7	0.5~0.7	0.5~0.7
	排气量/m^{3}·min^{-1}		29.8	40	50
行走能力	最大行走速度/km·h^{-1}		2	2	1.8
	爬坡能力/(°)		20	20	16
外形尺寸	重量/t		55	85	120
	钻架水平	长/m	17	17	18
		宽/m	5.8	5.8	6
		高/m	7	7	7.5

4.3.4　露天凿岩台车

凿岩台车，简称钻车或台车，即车载形式的凿岩机，是可以支撑凿岩机钻凿炮孔并借助各种动力行走的机械；由凿岩机及其自动推进器、钻臂及其调幅机构、钻车架、行走机构等组成。

预裂爆破中主要采用露天凿岩台车（即露天钻车），地下工程中使用相对较少。根据《凿岩机械与气动工具产品型号编制方法》（JB/T 1590—2010），露天钻车（代号 C）的类别及特征代码见表 4-28。

表 4-28　露天凿岩钻车的类别及特征代码

<table>
<tr><th>类别</th><th colspan="3">组别</th><th colspan="2">特性代码</th><th>产品名称及特征代码</th></tr>
<tr><td rowspan="10">钻车 C</td><td rowspan="10">露天</td><td rowspan="6">气动、半液压</td><td rowspan="4">履带式 L</td><td colspan="2">—</td><td>履带式露天钻车 CL</td></tr>
<tr><td rowspan="3">潜孔 Q</td><td>—</td><td>履带式露天潜孔钻车 CLQ</td></tr>
<tr><td>中气压 Z</td><td>履带式露天中压潜孔钻车 CLQZ</td></tr>
<tr><td>高气压 G</td><td>履带式露天高压潜孔钻车 CLQG</td></tr>
<tr><td>轮胎式 T</td><td colspan="2">—</td><td>轮胎式露天钻车 CT</td></tr>
<tr><td>轨轮式 G</td><td colspan="2">—</td><td>轨轮式露天钻车 CG</td></tr>
<tr><td rowspan="4">液压 Y</td><td rowspan="2">履带式 L</td><td colspan="2">—</td><td>履带式露天液压钻车 CYL</td></tr>
<tr><td colspan="2">潜孔 Q</td><td>履带式露天液压潜孔钻车 CYLQ</td></tr>
<tr><td>轮胎式 T</td><td colspan="2">—</td><td>轮胎式露天液压钻车 CYT</td></tr>
<tr><td>轨轮式 G</td><td colspan="2">—</td><td>轨轮式露天液压钻车 CYG</td></tr>
</table>

露天钻车的分类如下：

（1）按工作动力可分为：1）气动露天凿岩钻车；2）气液联合式露天凿岩钻车：除了凿岩机是气动之外，钻车的其余动作均靠液压传动完成；3）全液压露天凿岩钻车：凿岩机是全液压凿岩机，钻车动作都是靠液压传动完成的。

（2）按钻车是否能够自行可分为：1）自行式露天凿岩钻车；2）非自行式露天凿岩钻车，又称台架钻机。

露天凿岩钻车主要用于硬或中硬矿岩的钻孔作业，钻孔直径一般为 40～100 mm，最大孔径可达 150 mm。气动露天凿岩钻车与气液联合式露天凿岩钻车的气动凿岩机功率较小，一般适用于钻凿孔径小于 80 mm、孔深小于 20 m 的炮孔。全液压露天凿岩钻车的全液压凿岩机功率较大，钻孔孔径可以达到 150 mm，孔深可达 30 m，最深可达 50 m。

CL 系列履带式露天钻车的基本性能参数见表 4-29。

表 4-29　CL 系列履带式露天钻车的基本性能参数表

型　号	CL10 型	CL15 型	CLY20 型	CLN30 型
外形尺寸（长×宽×高）/mm	5400×2200×1500	5650×2700×1985	9400×3400×3500	6500×2350×2600
总重/t	5.3	5.3	16	7.7
凿孔直径/mm	50～80	65～100	120	110～150
凿孔深度/m	≥20	≥20	≥20	≥20
推进长度/m	3	3	3.8	4
凿孔方向	水平或垂直	水平或垂直	水平或垂直	水平或垂直

续表 4-29

型　号		CL10 型	CL15 型	CLY20 型	CLN30 型
验收气压 0.63 MPa	推进力/kN	≥9.8	≥10	≥19.6	≥35
	推进马达功率/kW	≥2.1	≥3.7	—	—
	行走速度/$km \cdot h^{-1}$	≥3	≥2	≥1	≥3
	爬坡能力/(°)	≥20	≥25	≥17	≥20
	行走马达（或电动）功率/kW	≥11.8(5.9×2)	≥8.8(4.4×2)	≥22(11×2)	ZQJMB2-20 液压马达
	行走马达耗气量 /$L \cdot s^{-1}$	≤283	≤266	—	—
底盘离地高度/mm		310	300	400	300
推进器补偿高度/mm		1000	1300	1000	1200

国内外主要生产厂家的主要产品如图 4-29 和图 4-30 所示，其性能参数见表 4-30 和表 4-31。

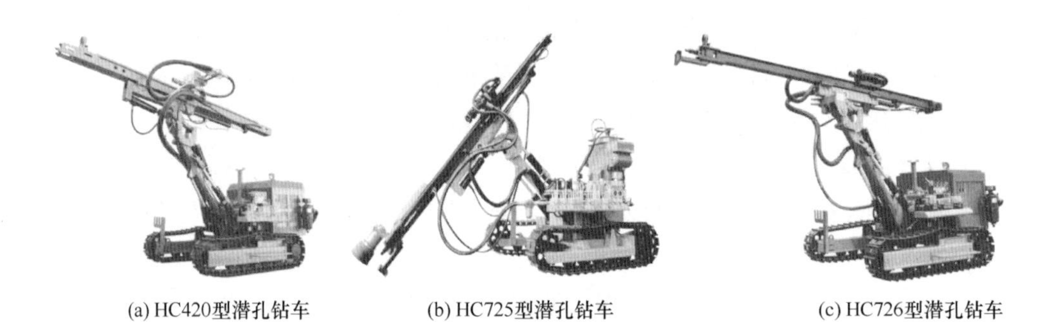

(a) HC420型潜孔钻车　(b) HC725型潜孔钻车　(c) HC726型潜孔钻车

图 4-29　浙江红五环露天潜孔钻车

图 4-30　湖南山河智能全液压露天钻车

表 4-30 浙江红五环露天钻车性能参数表

型号		HC420	HC420M（混合动力）	HC726	HC725B0	HC725B1	HC725B2
钻孔直径/mm		90~140（标配 115）	95~200（标配 115）	90~130（标配 115）	83~105（标配 90）	83~105（标配 90）	83~115（标配 90）
经济钻深/m		30	30	25	25	25	30
主机功率/kW		58	58（柴油），55（电动）	40	40	40	40
行走速度/km·h^{-1}		2.5	2.5	2.5	2	2.5	2
爬坡角度/(°)		≥25	30	≥25	25	25	25
回转扭矩/N·m		4400	6000	1800	1200	1200	1400
回转速度/r·min^{-1}		0~100	0~90	0~90	0~100	0~120	0~100
工作风压/MPa		1.2~2.4	1.2~2.4	0.7~1.6	0.6~1.6	0.5~1.4	0.7~1.6
耗气量/m^3·min^{-1}		11~21	11~21	7~15	7~12	7~12	7~15
外形尺寸	长/m	6	6.3	5.26	4.25	4.35	5.4
	宽/m	2.2	2.2	2.05	1.98	2.1	2.1
	高/m	2.1	2.1	1.95	2.26	2.26	2.25
整机质量/t		5	6.2	4.2	3	3.2	4.1

表 4-31 湖南山河智能全液压露天钻车性能参数表

钻机型号		SWDH89R	SWDH89S	SWDH102S
作业参数	钻孔范围/mm	64~102	64~115	76~127
	经济钻孔/mm	89	89	102
	钻杆规格	T38/T45	T38/T45/T51	T45/T51
	钻杆长度/m	3660	3660	3660
	钻孔深度/m	24	24	24
液压凿岩机	冲击功率/kW	14	14	21
	回转扭矩/N·m	700	700	883
	回转速度/r·min^{-1}	0~180	0~180	0~150
发动机	功率/转速/kW/(r·min^{-1})	129/2200	179/2200	179/2200
	排气压力/MPa	0.8	0.8	0.8
	排气量/m^3·min^{-1}	6	8	10
行走能力	最大行走速度/km·h^{-1}	4.2	4.2	4.2
	爬坡能力/(°)	25	25	25
外形尺寸（工作）	重量/t	15	15	15
	长/m	8.6	9.2	9.2
	宽/m	2.6	2.6	2.6
	高/m	8.6	8.6	8.6

5 预裂爆破模拟实验

5.1 概　　述

预裂爆破模拟实验是采用室内模型或数值模拟方法研究预裂爆破过程的重要技术手段，可以为预裂成缝机理的深入探究提供可视化分析的方法；同时，通过缩尺模型或等比模型实验，可以为预裂爆破现场试验参数的选择提供重要指导依据。

5.2 有机玻璃模型实验

5.2.1 单孔模型

单孔模型是预裂爆破研究的基础。采用单孔有机玻璃模型分别开展普通圆柱状药包和双向对称聚能结构药包的爆炸侵彻实验，对比装药结构对模型切割爆破效果的影响。模型实验可以在爆炸容器实验室（图 5-1）进行，也可以在视野开阔、周边环境较好的场地进行。

图 5-1　爆炸容器实验室

有机玻璃，化学名称为聚甲基丙烯酸甲酯，是由甲基丙烯酸甲酯聚合而成的高分子化合物。有机玻璃分为无色透明玻璃、有色透明玻璃、珠光玻璃、压花有机玻璃四种，其优点为具有较好的透明性、化学稳定性、力学性能和耐候性，易加工等。

采用无色透明有机玻璃加工制作单孔模型，模型规格（长度×宽度×高度）为100 mm×100 mm×100 mm，中心钻孔孔径为10 mm，孔深为80 mm（图5-2和图5-3）。

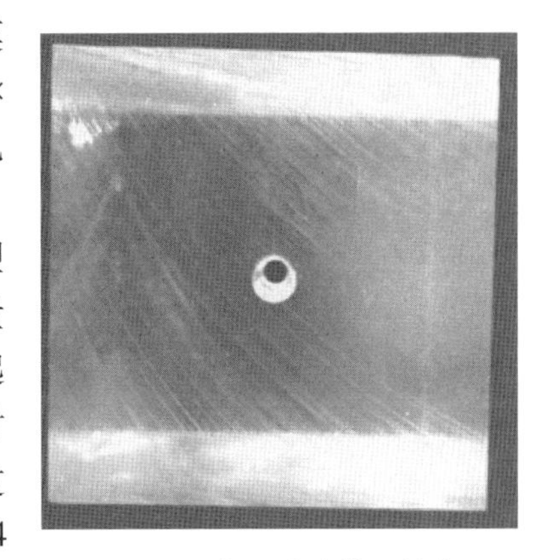

图5-2 有机玻璃模型钻孔

泰安是一种单质猛炸药，考虑到实验模型的材质、尺寸等因素，在泰安中加入一定质量的石膏以降低其爆炸性能，将其作为实验用起爆炸药装入紫铜管，形成圆柱状药包和双向对称聚能结构药包；采用不耦合装药结构，通过高精度导爆管雷管或数码电子雷管起爆（图5-4和图5-5）。

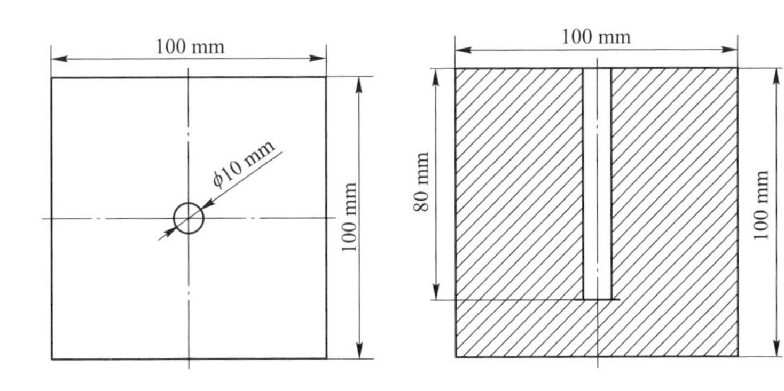

图5-3 单孔有机玻璃模型尺寸

圆柱状药包所用的紫铜管外径为6 mm、内径为5 mm、壁厚为0.5 mm。双向对称聚能结构药包采用相同规格的紫铜管，但需在管壁上压制出对称的聚能凹槽。

图5-4 有机玻璃模型雷管连接

炸药起爆后，会在透明有机玻璃上形成清晰的爆炸裂缝扩展痕迹。

对于圆柱状药包，有机玻璃上无明显的定向侵彻裂纹，侵彻裂纹在各个方向呈放射状；对于双向对称聚能药包，在炮孔两侧形成明显的定向侵彻裂纹，对称聚能装药结构具有显著的聚能效应，如图5-6所示。因此，采用对称聚能装药结构可以在预裂爆破中发挥爆炸导向作用，提高预裂爆破成缝效果。

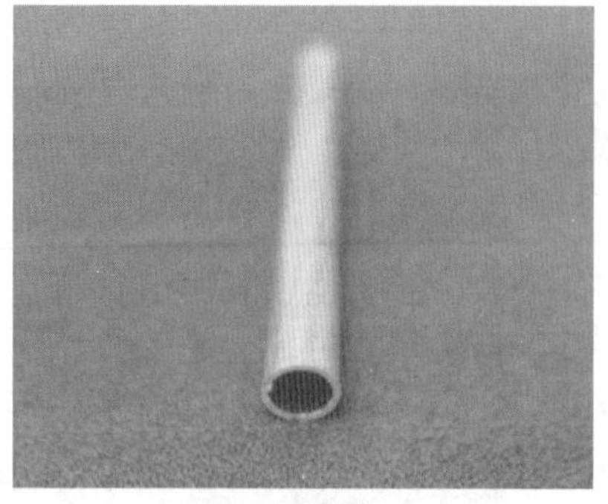
(a) 圆柱状结构

(b) 双向聚能结构

图 5-5　对称双线型均能结构

(a) 圆柱状药包

(b) 双向对称聚能结构药包

图 5-6　药包侵彻结果

5.2.2　双孔模型

采用高度为 70 mm 的有机玻璃加工制作双孔模型，模型规格（长度×宽度×高度）为 120 mm×100 mm×70 mm；模型中间设置 ϕ18 mm 的钻孔，孔距为 50 mm，模型参数如图 5-7 所示。

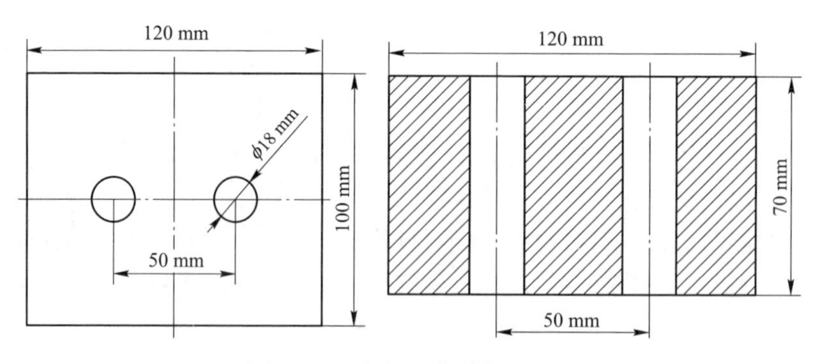

图 5-7　双孔有机玻璃模型尺寸

实验发现，双孔模型下，在圆柱状药包起爆后，两个炮孔周边分别形成侵彻一定范围的爆炸裂纹，但炮孔之间未贯通（图 5-8）；双向对称聚能结构药包的模型切割爆破效果明显，沿着两个炮孔的中心线将实验模型完全地切割成两块（图 5-9）。

对于含水炮孔，水介质条件下的双向对称聚能药包爆破实验（图 5-10），不仅可以实现模型的定向分割，还在炮孔的周边形成了裂隙密集的破碎圈；说明水介质条件下，由于水的可压缩性小、传压均匀等特性，提高了炸药能量的利用率，并延长了爆炸荷载的作用时间，因此可以适当减小装药量。

图 5-8 圆柱状药包爆破

图 5-9 空气介质下双向对称聚能结构药包爆破

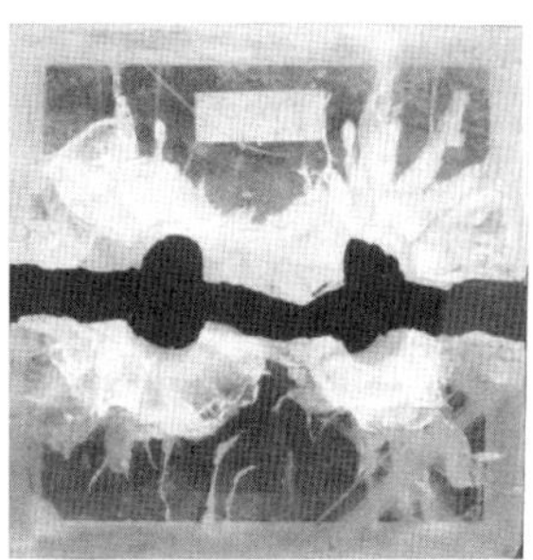

图 5-10 水介质下双向对称聚能结构药包爆破

5.3 水泥砂浆模型实验

5.3.1 模型制作

采用硅酸盐水泥、铁钢砂、河沙按照 1∶1∶0.3 的比例制作爆破模型试块，试块尺寸（长度×宽度×高度）为 40 cm×40 cm×20 cm；分别在距离模型顶面、底面 5 cm 处设置一道环形箍筋，箍筋直径为 6 mm；模型密度为 2.41 g/cm^3；采用边长为 7.07 cm 的立方体试件进行养护，28 天后，试样的单轴抗压强度为 36.82 MPa（图 5-11~图 5-13）。

图 5-11 模型浇筑

图 5-12 水泥砂浆试块

图 5-13 试块抗压强度测试

5.3.2　模型实验

在制作好的水泥砂浆模型上，采用电锤配以不同直径的钻头进行钻孔工作，并采用发电机对电锤进行供电（图 5-14）。实验孔径为10 mm，孔距为 80 mm，孔深为 100 mm（图 5-15）。

雷管末端与装有起爆药的紫铜管相连，并用塑料泡沫对聚能槽方向进行定位（图 5-16）；两发相同段别雷管同时进行起爆。

图 5-14　模型钻孔

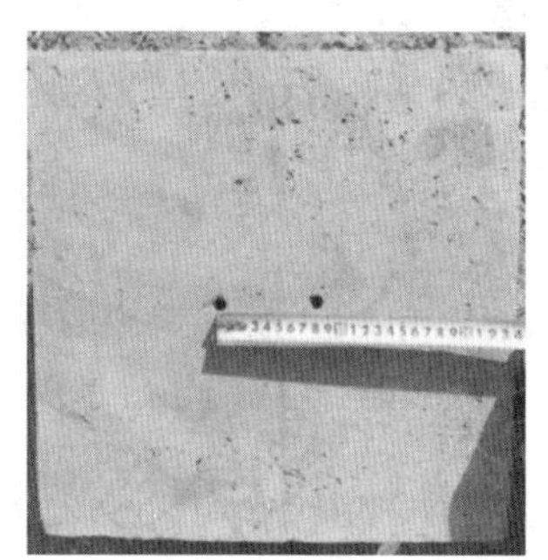

图 5-15　孔距测量

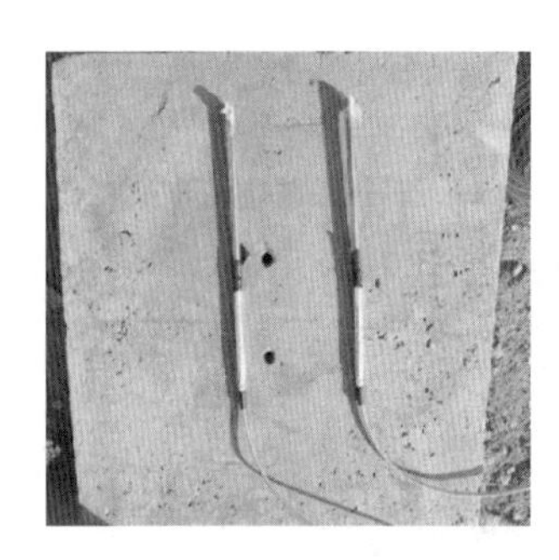

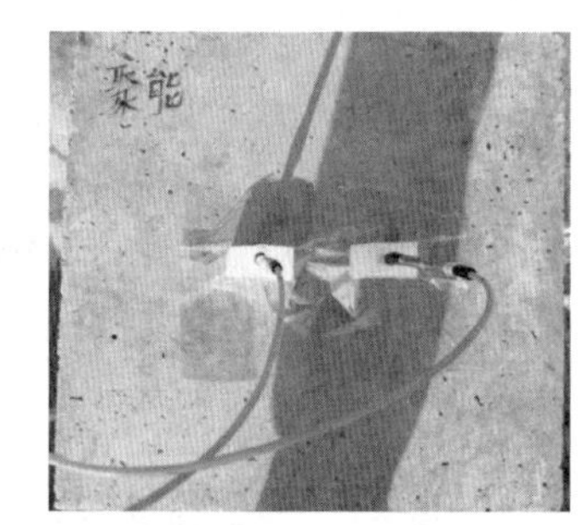

图 5-16　雷管的连接与固定

现场起爆后，沿着两个炮孔的中心连线形成了完整的贯通预裂缝；由于上下箍筋的约束，模型试块未分裂成两半（图 5-17）。

通过不同孔距、炸药量下的模型对比试验，可以分析确定关键参数与预裂成缝效果的关系，为矿山现场预裂爆破试验提供指导依据。

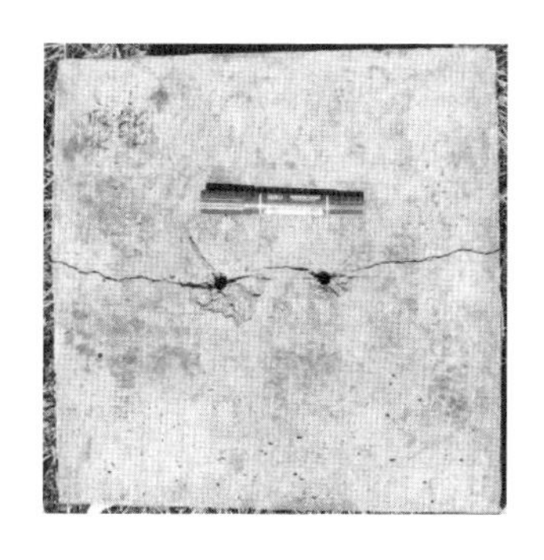

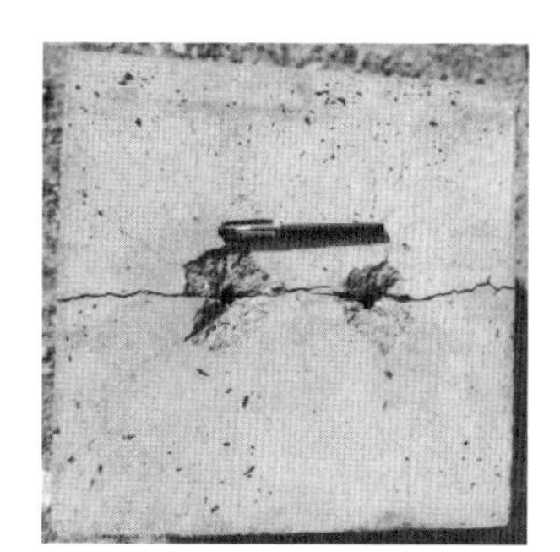

图 5-17 聚能爆破效果

5.4 预裂爆破数值计算

5.4.1 数值模拟软件

5.4.1.1 软件概述

炸药爆炸是在高温高压条件下的非线性瞬态动力学问题，与静态力学不同，其具有显著的瞬时性等特点，极大地增加了爆炸过程分析的难度。为深入研究炸药爆炸破岩机理，国内外在数值仿真模拟方面进行了长期大量研究，研发了多款工程爆破模拟软件，如北京理工大学的 EXPLOSION-2D 和 EXPLOSION-3D 等；此外，FLAC3D 软件、中国科学院非连续介质力学与工程灾害联合实验室和北京极道成然科技有限公司联合开发的 GDEM 力学分析系列软件，也具有爆炸动态力学分析功能。

5.4.1.2 基本算法

A Lagrange 算法

Lagrange 算法，就是追踪固定质量元的运动。Lagrange 算法认为材料在界面处是从动的和主动的，且允许它们之间相互接触、分离、滑动。该算法的网格的变形是随材料变形而进行的，其附着于材料上，这就要求计算过程中网格的畸变程度不能过大，否则会出现负体积，迫使计算中止。为了避免网格畸变程度过大而与实际不符，在冲击动力学模拟中往往采用 EROSION 命令来定义失效，以模拟材料的破坏。

B Euler 算法

Euler 算法不追求质点的运动，即网格不随材料移动，而是通过关注流场来计算质量、能量等参数。Euler 算法是流场运动，会造成界面混淆，这是其主要缺点，会导致计算时间加长。对于表面无特殊规定的材料，Euler 算法可以处理大变形问题。Euler 算法可以通过两种方式进行，一种是在离散化格式中迁移导数项，但一般常用另一种方式，即二步法操作。所谓二步法操作，就是在 Lagrange 算法网格大变形之后重分计算网格，再进行 Euler 算法。

C　ALE 算法

ALE 即为 arbitrary lagrangian-eulerian，此算法兼具 Lagrange 算法和 Euler 算法的优点，是流固耦合问题的有效解决办法。显示格式的稳定性可以在预定的时间内确保，在时间步长内随着声速的增加而降低。对于大变形问题，Euler 算法不如 ALE 算法。因此，ALE 算法在大变形问题中有着前两种算法不可比拟的优势。从简化 ALE 到多物质 ALE，ALE 算法不断完善，在流固耦合、大动量、高密度等领域得到了广泛应用。

D　SPH 算法

SPH 是光滑粒子流体动力学的简称，最早用来解决天体物理学中的问题，其思想是通过质点组来描述物体力学问题。SPH 方法使用有限元数目的粒子将连续体离散化，每个粒子的所处位置均携带向量变量，如质量、密度、应力、张量、速度移动等与材料有关的数据。

SPH 算法是一种纯 Lagrange 算法，但由于其是无网格的离散化算法，因此不存在 Lugrange 算法的网格畸变，能够模拟极端变形问题。

5.4.1.3　材料屈服准则

爆破数值模拟分析方面存在很多屈服破坏准则，主要有四大强度准则。

A　第一强度理论：最大拉应力准则

最大拉应力理论是以拉应力的最大值判断材料是否发生脆性断裂破坏的强度理论，又称第一强度理论。它是在朗肯提出的最大正应力理论的基础上修正得到的。

该理论认为引起材料脆性断裂破坏的因素是最大拉应力。在复杂应力状态下，当某点处的三个主应力中最大的拉应力 σ_1 达到材料在单向拉伸发生断裂破坏的应力时，该点即发生脆性断裂破坏。

按照第一强度理论，建立的强度条件为：

$$\sigma_1 \leqslant [\sigma]$$

式中　σ_1——最大拉应力；

$[\sigma]$——许用应力。

B　第二强度理论：最大伸长线应变理论

这一理论认为最大伸长线应变是引起断裂的主要因素，无论处于何种应力状态，只要最大伸长线应变 ε_1 达到单向应力状态下的极限值 ε_u，材料就会发生脆性断裂破坏。

其中：

$$\varepsilon_u = \varepsilon_1 = \sigma_b / E$$

由广义虎克定律得：

$$\varepsilon_1 = [\sigma_1 - \mu(\sigma_2 + \sigma_3)]/E$$

所以：

$$\sigma_1 - \mu(\sigma_2 + \sigma_3) = \sigma_b$$

按第二强度理论建立的强度条件为：

$$\sigma_1 - \mu(\sigma_2 + \sigma_3) \leqslant [\sigma]$$

C　第三强度理论：Tresca（最大剪应力理论）准则

最大剪应力理论认为，最大切应力是引起屈服的主要因素，无论处于何种应力状态，只要最大切应力 τ_{max} 达到单向应力状态下的极限切应力 τ_0，材料就会发生屈服破坏，即 $\tau_{max} = \tau_0$。

根据轴向拉伸斜截面上的应力公式可知，$\tau_0 = \sigma_s/2$（σ_s 为横截面上的正应力）。

在任意状态下：

$$\tau_{max} = (\sigma_1 - \sigma_3)/2$$

所以破坏条件改写为：

$$\sigma_1 - \sigma_3 = \sigma_s$$

按第三强度理论的强度条件为：

$$\sigma_1 - \sigma_3 \leqslant [\sigma]$$

D　第四强度理论：Mises（畸变能理论）准则

第四强度理论，又称为畸变能理论（Von Mises 理论）、形状改变比能密度理论，认为畸变能密度是引起材料发生屈服的主要因素。这一理论假设形状改变能密度 v_d 是引起材料屈服的因素，即在复杂应力状态下，当材料内某点的形状改变比能 v_d 达到材料单向拉伸屈服时的形状改变比能的极限值 v_{ds} 时，材料就会发生塑性屈服。

材料在发生屈服时，其体积几乎不发生变化，但形状会发生很大变化，此时材料的形状改变比能达到极限值，即 $v_d = v_{ds}$。

在复杂应力状态下，每一点处的形状改变能为：

$$v_d = \frac{1+\mu}{6E}[(\sigma_1 - \sigma_2)^2 + (\sigma_2 - \sigma_3)^2 + (\sigma_3 - \sigma_1)^2]$$

$$v_{ds} = \frac{1+\mu}{6E}(2\sigma_s^2)$$

整理后得出屈服准则为：

$$\sqrt{\frac{1}{2}(\sigma_1 - \sigma_2)^2 + (\sigma_2 - \sigma_3)^2 + (\sigma_3 - \sigma_1)^2} \leqslant \sigma_s$$

5.4.1.4　材料模型

A　岩体材料

矿岩材料选用程序提供的塑性随动模型。该模型综合考虑了数值模拟过程中的模型同性、随动硬化、应变率和失效问题。β 值可以用于调节岩石材料各向同性或随动硬化。

通过定义与应变率有关的参数来代表屈服应力。

$$\sigma_y = \left[1 + \left(\frac{\dot{\varepsilon}}{C}\right)^{\frac{1}{P}}\right]\left(\sigma_0 + \beta \frac{E_t E}{E - E_t}\varepsilon_P^{\mathrm{eff}}\right)$$

式中　σ_0——初始屈服应力，Pa；

$\dot{\varepsilon}$——应变率，s^{-1}；

C，P——Cowper-Symonds 应变率参数；

$\varepsilon_P^{\mathrm{eff}}$——有效塑性应变；

E——材料弹性模量，Pa；

E_t——材料切线模量，Pa。

B　炸药材料

炸药材料的选用方程如下：

$$p = A\left(1 - \frac{\omega}{R_1 V}\right) e^{-R_1 V} + B\left(1 - \frac{\omega}{R_2 V}\right) e^{-R_2 V} + \frac{\omega E_0}{V}$$

式中　A，B，R_1，R_2，ω——材料参数；

p——压力，Pa；

V——相对体积；

E_0——初始比内能，Pa。

爆炸材料参数包括炸药密度 ρ，爆速 D，变形模量 K，剪切模量 G，Chapman-Jouget 参数 P、C、J 以及状态参数 β，根据不同炸药类型进行选取。其中，β 的取值不同，爆炸系数 F 的大小也不同；当 $\beta=0$ 时，表示爆炸系数 F 由程序和 β 共同控制，爆炸系数 F 控制着爆炸物释放的化学能量程度。

炸药爆炸时，爆源内计算单元的压力可以表示为：

$$p_t = Fp$$

$$F = \max(F_1, F_2)$$

$$F_1 = \begin{cases} 2(t - t_1)DA_{\mathrm{emax}}/3v_e & t > t_1 \\ 0 & t \leqslant t_1 \end{cases}$$

$$F_2 = (1 - V)/(1 - V_{CJ})$$

式中　p_t——t 时刻的爆炸压力，Pa；

F——炸药单元燃烧反应率；

D——炸药爆速，m/s；

A_{emax}——最大单元面积；

t，t_1——分别为当前的计算时间和炸药内某点起爆时间，s；

V_{CJ}——Chapaman-Jouguet 面的相对体积。

C 空气材料

所采用材料模型的压力表达式为：

$$p = (C_0 + C_1 V + C_2 V C_3 V_3) + (C_4 + C_5 V + C_6 V^2) E$$

式中，$C_0 = 1$；$C_1 = C_2 = C_3 = C_6 = 0$；$\mu$ 为炸药密度与参考密度的比值；V 为相对体积。

空气材料本身没有剪切模量，有动力黏性。同时，通过定义沙漏系数来控制整个爆炸过程能量的传递和转换。

在整个计算过程中，使用下述状态方程来模拟爆轰过程中空气的超压变化状况。

$$p = \frac{\rho_0 C^2 \mu \left[1 + \left(1 - \frac{\gamma_0}{2}\right)\mu - \frac{\partial}{2}\mu^2\right]}{1 - (S_1 - 1)\mu - S_2 \frac{\mu^2}{(\mu + 1)^2} - S_3 \frac{\mu^3}{(\mu + 1)^2}} + (V_0 + \alpha\mu) E$$

式中，p 为压力；V_0 为初始相对体积；E 为初始比内能；$\mu = \rho/\rho_0 - 1$；其他参数均为方程状态系数。

D 岩石参数

计算岩石力学参数，包括密度、弹性模量、泊松比、内摩擦角、岩石抗压强度等，根据不同岩性进行选择。

5.4.2 单孔聚能爆破

建立单孔双向聚能爆破数值计算模型，可以研究张开角对聚能爆破效果的影响，通过对比分析，确定最佳的张开角。

模型长度为 20 cm，宽度为 20 cm，厚度为 0.1 cm；炮孔直径为 120 mm，药柱直径为 45 mm；对称双线性聚能结构厚度为 1 mm，聚能槽顶点位置距炮孔中心 11 mm，聚能槽张开角可以根据模拟需要灵活设置。

考虑到模型的对称性，以及模型尺寸和划分网格数量对数值计算的影响，采用 1/4 对称准静态模型，在 Z 方向设置法向约束，在对称轴上分别设置对应的对称边界条件。为了避免岩体自由面产生的反射拉伸作用，在外部边缘均设置无反射边界条件。

通过 ALE 多物质材料输送算法使炸药材料在整个网格域内流动，采用流固耦合算法得到岩石单元的变形，聚能管和岩石单元之间定义为面与面侵蚀接触，以反映聚能结构对岩石的侵蚀作用。

这里以张开角为75°时的聚能结构为例进行分析。

5.4.2.1　聚能射流分析

如图5-18所示，炸药爆炸产生的应力波在$t=3$ μs时传播至聚能结构表面，形成等值线应力云图；当$t=6$ μs时，聚能结构开始形成初始的射流趋势，并在聚能槽尖端产生显著的应力集中现象；当$t=15$ μs时，开始在聚能槽底部形成高能流密度的聚能射流杵体，此时的射流杵体相对较粗，尚未达到最佳的射流状态；随着时间的延长，聚能射流不断拉长、拉细，并在$t=20$ μs时呈现喷出趋势。

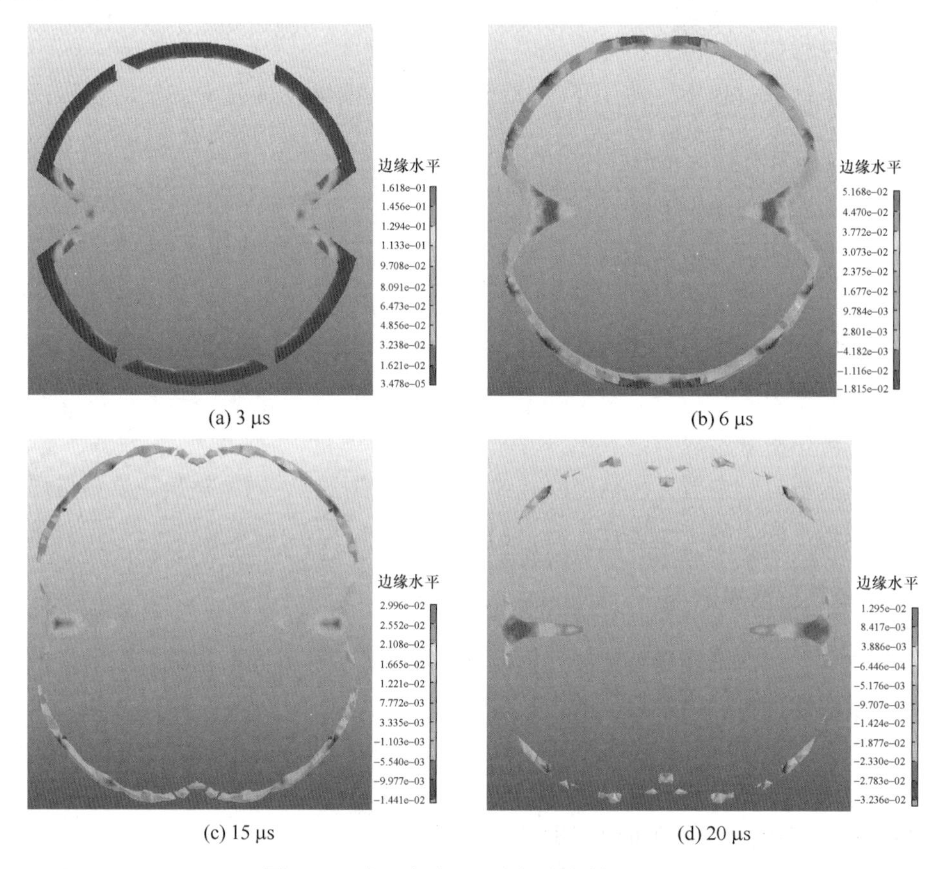

图5-18　张开角为75°时的聚能射流过程

5.4.2.2　爆炸时程应力分析

在计算模型孔壁处0°、45°和90°三个方向分别选取测点A（H25795）、测点B(H25975)、测点C(H26145)，分析三个测点孔壁处的应力时程曲线，如图5-19

和图 5-20 所示。测点 A 位于聚能结构聚能槽方向，测点 B、测点 C 处于非聚能方向。

炸药起爆后，爆轰波分别在 $t=18\ \mu s$，$t=20\ \mu s$ 和 $t=24\ \mu s$ 先后到达测点 A、测点 B、测点 C 三个测点；由于测点位置和应力时程的不同，应力峰值呈现出显著的差异，分别为 225 MPa、43.25 MPa 和 18 MPa。可见，聚能槽方向测点 A 的应力增长十分明显。

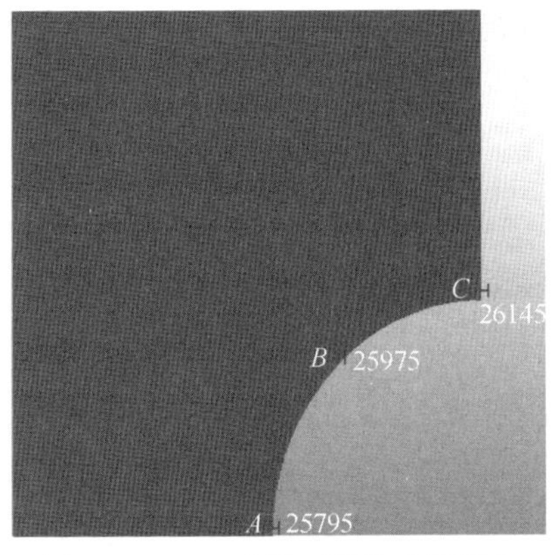

图 5-19 ALE 边界区域孔壁处测点

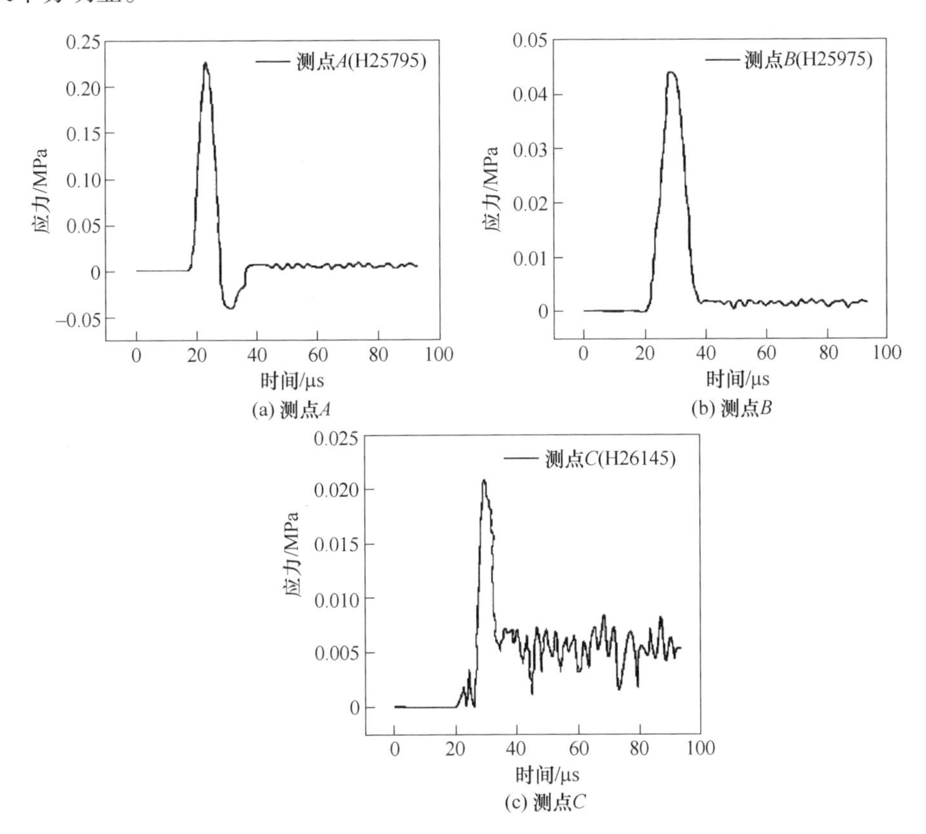

图 5-20 孔壁处测点的应力时程曲线

5.4.2.3 应力峰值对比分析

不同聚能槽张开角在 $t=20\ \mu s$ 达到最佳状态时的应力云图如图 5-21 所示，不同张开角都在聚能槽的底部出现应力集中；随着聚能槽角度的增大，射流拉伸长度持续变大，杆体应力集中也增大，当张开角为 75°时杆体的状态最佳，应力集中效果最明显。

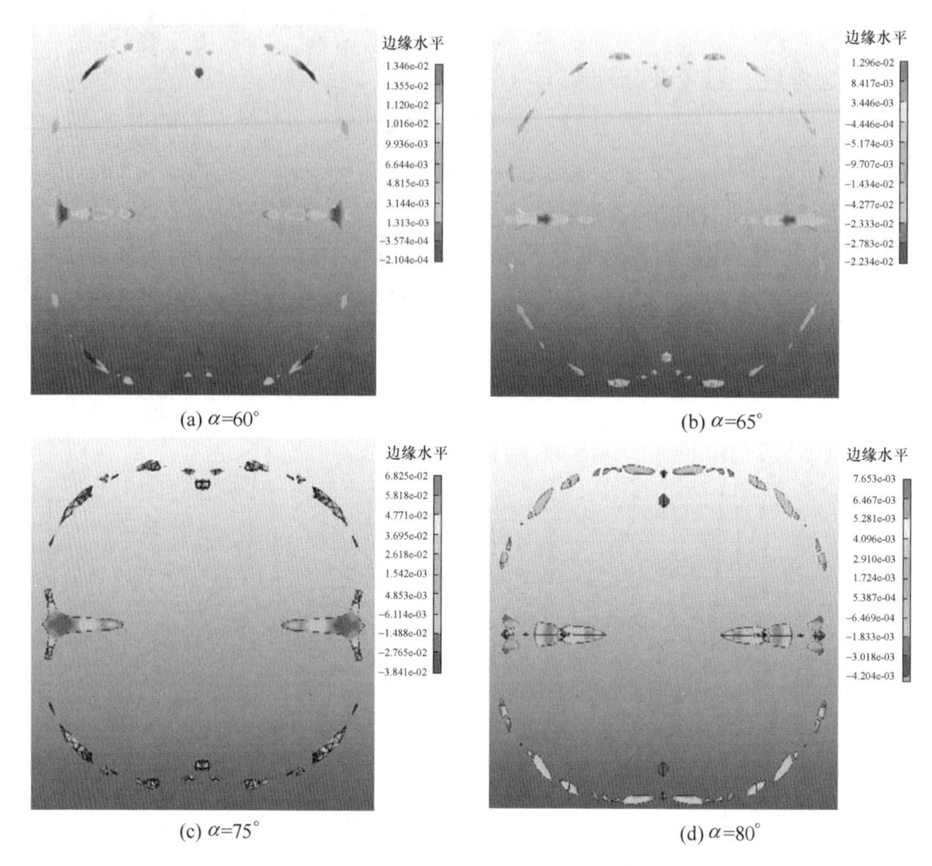

(a) α=60°　　(b) α=65°

(c) α=75°　　(d) α=80°

图 5-21　不同聚能槽张开角 α 最佳的射流状态应力云图

选取与聚能槽中心线成 0°、45°、90°角度的孔壁单元，分析应力峰值随聚能槽张开角的变化趋势（图 5-22）。从图中可知，在 0°方向，聚能槽张开角 α 对测点应力峰值的影响十分明显，随着 α 的逐渐增大，测点应力峰值表现出先增大后减小的变化趋势，且在 $\alpha=75°$时，应力峰值达到最大值。而聚能槽张开角对 45°方向和 90°方向的应力峰值影响很小（图 5-22）。

聚能射流因受到聚能槽张开角的影响而形成不同的射流状态，而射流状态决定了聚能射流的侵彻能力。因此，预裂爆破时，将聚能槽张开角选择为 75°，可以取得最佳效果。借助预裂爆破聚能装药结构方案，可以增大预裂孔壁压力和孔距，进而有效减少钻孔数量和工作量，降低预裂爆破成本。

对于药柱直径为 45 mm 的单孔爆破，当聚能张开角为 75°时，90 mm 孔径和 120 mm 孔径的预裂孔壁压力分别为 252. 7 MPa 和 199. 8 MPa，均明显大于常规

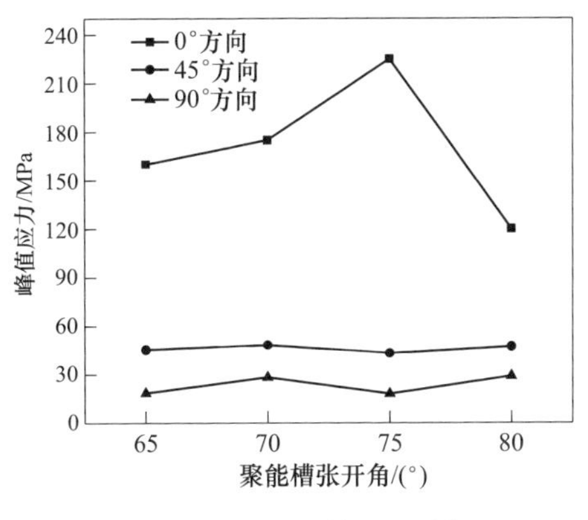

图 5-22 应力峰值对比分析

预裂爆破时的孔壁压力（图 5-23）。由此可见，钻孔直径越大，孔壁压力越小。这是因为在装药直径不变的前提下，预裂孔径的增加，增大了装药径向不耦合系数，从而加速了爆炸冲击波的衰减。

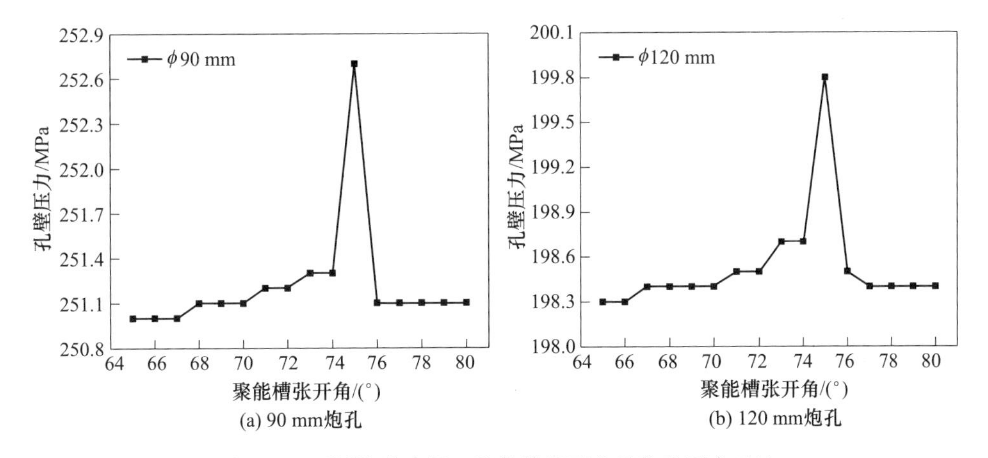

图 5-23 不同炮孔直径、聚能槽张开角的孔壁压力对比

5.4.3 双孔预裂爆破

采用预裂爆破装药结构，建立含有炸药、岩石和填塞物的双孔数值分析模型，选用 SOLID164 实体单元，炸药和空气采用多物质 ALE 算法，岩石和填塞物采用 Lagrange 算法，进行流固耦合分析（图 5-24）。数值模拟采用 cm-g-μs 单位制。

在数值计算模型中，炮孔直径为 120 mm，炸药直径为 40 mm，采用孔距分别为 1 m、1.5 m 和 2 m 的三种方案进行对比分析。

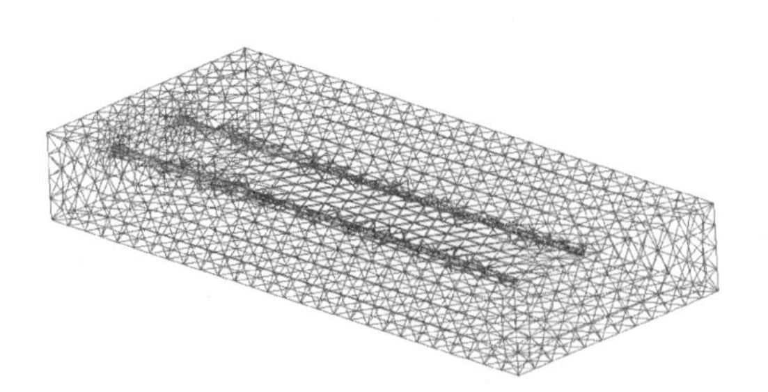
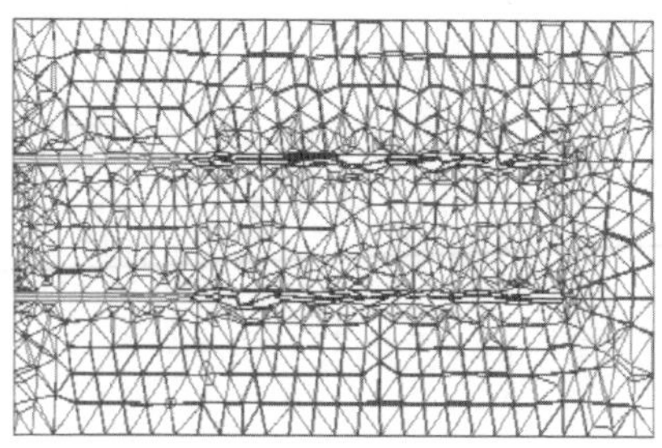

图 5-24　数值分析模型图

不同方案的模拟效果如图 5-25～图 5-27 所示。炮孔起爆后，爆炸应力波从炮孔中心开始以球形向外快速传播；当到达炮孔中间连线时，产生应力叠加，出现初始径向裂缝，并在爆生气体的作用下进行延伸扩展，实现相邻炮孔之间的贯通，形成预裂缝。在岩体条件和爆破参数一定的情况下，爆炸荷载的裂隙扩展范围有限。随着预裂炮孔间距的增加，炮孔之间贯穿成预裂缝的难度逐渐增大，当间距达到一定距离时将无法形成贯通。

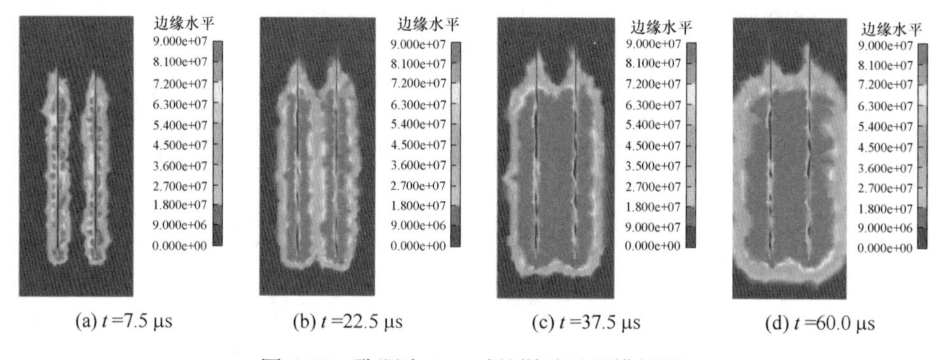

(a) t=7.5 μs　(b) t=22.5 μs　(c) t=37.5 μs　(d) t=60.0 μs

图 5-25　孔距为 1 m 时的爆破过程模拟图

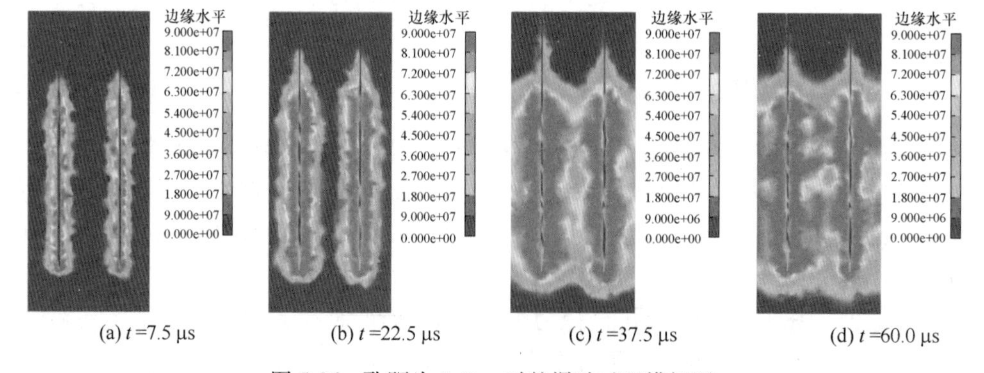

(a) t=7.5 μs　(b) t=22.5 μs　(c) t=37.5 μs　(d) t=60.0 μs

图 5-26　孔距为 1. 5 m 时的爆破过程模拟图

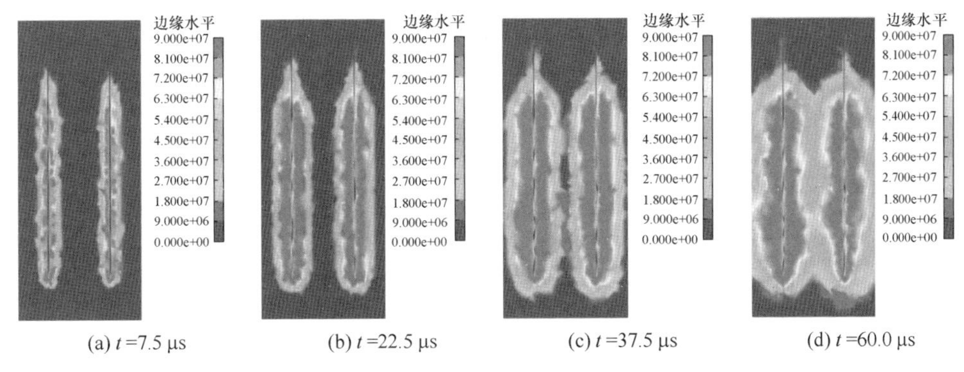

(a) t=7.5 μs　(b) t=22.5 μs　(c) t=37.5 μs　(d) t=60.0 μs

图 5-27 孔距为 2 m 时的爆破过程模拟图

通过对比可以发现，当预裂孔距为 1 m 和 1.5 m 时，在相邻预裂炮孔之间可以较好地实现贯穿成缝，而当孔距增大到 2 m 时，则无法形成预裂缝；同时，当孔距为 1 m 时，钻孔数量多，钻孔成本高、不经济，因此可以判断在该种方案下适宜的预裂孔距在 1.5 m 左右，应结合现场实际爆破效果进一步优化调整。

5.4.4 导向孔预裂爆破

对于碎软岩体超深孔预裂爆破，由于岩体强度低、半壁孔易受爆炸荷载破坏，因此为降低在单位预裂缝平面上的装药量，可以采用导向孔预裂爆破技术。该技术是在相邻两个预裂孔之间增加一个不装药或只在底部装填少量炸药的导向孔，在保证预裂成缝的条件下，既可以有效增大预裂孔的孔距，又可以克服孔底和孔口段的夹制作用。

导向孔底部的装药高度是影响预裂成缝效果的关键。结合岩体条件，采用孔径为 120 mm 的预裂孔，开展导向孔装药高度分别为 4.0 m、4.5 m 和 5.0 m 的三种方案的数值模拟对比分析，掌握各装药高度对预裂成缝效果的影响规律，从而为现场试验参数的选取提供指导依据。

从不同时刻的爆破效果来看，炸药起爆后，随着爆炸应力波的传播，应力波在导向孔中间产生叠加，逐渐形成贯通预裂缝（图 5-28）。随着导向孔装药高度的增大，炮孔上部的裂纹扩展明显，相邻炮孔间的贯穿效果逐渐增强，有效地提高了孔口段的预裂成缝效果。由于孔底应力的夹制作用明显，因此虽然预裂缝稍微滞后于炮孔上部，但只要装药高度合适，随后全孔上下也可以形成完整的贯通缝。

根据测点的应力时程曲线可以看出（图 5-29），随着导向孔装药高度的增大，测点的应力峰值逐渐增加。由此可见，增加导向孔的装药高度，可以克服孔底的夹制作用，促进预裂缝的延伸扩展，进而形成较好的预裂爆破效果。

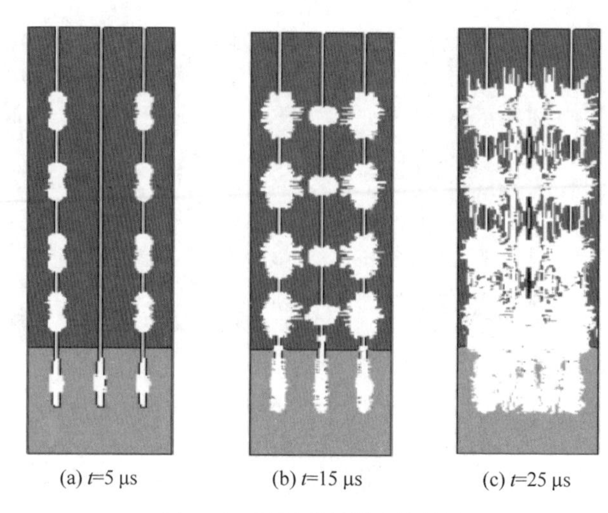

图 5-28　不同时刻爆破效果图

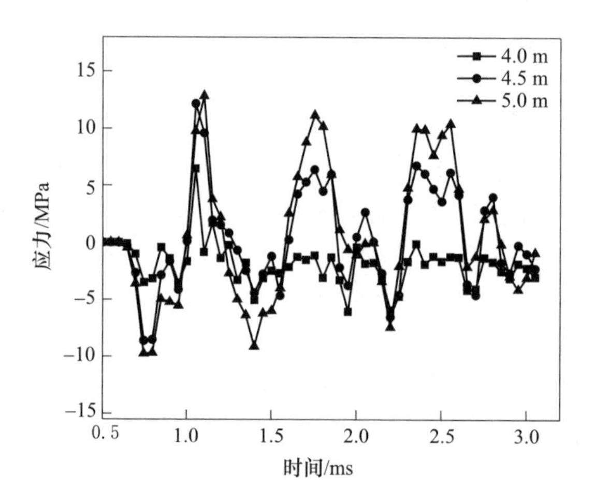

图 5-29　测点应力时程曲线

6 预裂爆破技术与应用

6.1 概　　述

预裂爆破技术涉及爆破参数、装药结构、起爆网路等内容，在现场施工过程中需要建立完善的施工工艺。自预裂爆破技术诞生以来，不仅广泛应用于矿山边坡控制领域，还在水利水电、交通运输等方面得到了成功实施，形成了诸多典型工程案例，有力地推动了工程爆破技术的发展。

6.2 预裂爆破技术参数

6.2.1 爆破参数选择原则

（1）安全可靠、技术先进、经济合理、节能高效和绿色环保。

（2）依据实际工程情况，推广应用新技术、新材料、新工艺和新设备。

（3）满足预裂爆破工程对质量和进度的要求。

6.2.2 预裂爆破参数

6.2.2.1 一般规定

爆破参数主要包括炮孔直径、炮孔孔距、炮孔深度、炮孔角度、线装药密度和不耦合系数等。确定预裂爆破主要参数的方法有三种，即理论计算法、经验公式计算法以及工程类比法。

6.2.2.2 理论计算法

（1）预裂孔同时起爆，满足条件：

$$\sigma_r \leqslant \sigma_{压}; \sigma_T \geqslant \sigma_{拉}$$

式中 σ_r——预裂孔壁受到的最大径向压应力，MPa；

σ_T——预裂孔连心线上岩体受到的切向最大拉应力，MPa；

$\sigma_{压}$——岩石极限抗压强度，MPa；

$\sigma_{拉}$——岩石极限抗拉强度，MPa。

20 世纪 60 年代，派恩等提出了一个计算预裂爆破炮孔参数的理论方法。这一方法的前提条件是在炮孔壁上不形成粉碎区，且相邻两个炮孔同时起爆并形成贯穿裂缝。

作用在炮孔壁上的压力应满足条件：$p_b \leqslant \sigma_{压}$。

$$p_b = p_e \left(\frac{V_e}{V_b} \right)^{1.2}$$

式中　p_b——药包爆压，MPa；

p_e——炸药的初始爆压，MPa；

V_b——炮孔体积，cm^3；

V_e——炸药体积，cm^3。

参考图 6-1，压应力 $p_M(p_M = \sigma)$ 在相邻两孔中点应力波相撞而有下式：

$$p_M = p_b \cdot \sqrt{\frac{2r}{S}} \cdot e^{-\frac{KS}{2c}}$$

式中　r——炮孔半径；

S——相邻两孔孔距；

K——时间系数；

c——应力波速度；

e——自然对数之底。

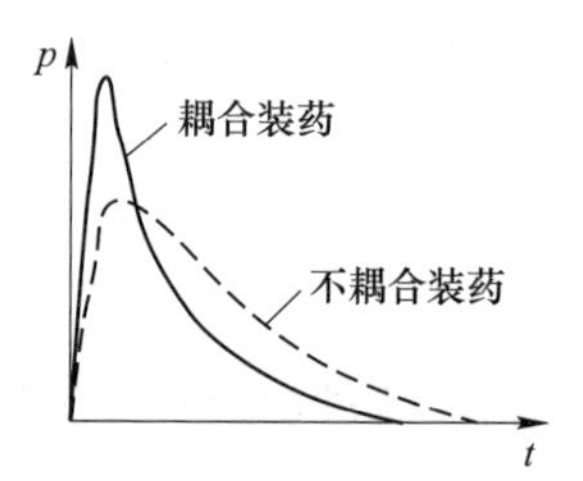

图 6-1　炮孔压力-时间曲线

应力波的切向拉伸应力分量 τ：

$$\tau = E\varepsilon_0 = -\mu\sigma = -\mu p_M$$

式中　E——杨氏模量；

ε_0——应力波在切向方向上的分量；

μ——泊松比。

由于要得到时间系数 K 很困难，因此杜瓦建议用 $e^{-\frac{\alpha S}{2r_e}}$ 代替 $e^{-\frac{KS}{2c}}$。由此：

$$\tau = -\mu p_b \cdot \sqrt{\frac{2r}{s}} \cdot e^{-\frac{\alpha S}{2r_e}} = -\mu p_b \cdot \sqrt{\frac{2r}{s}} \cdot e^{-\frac{\alpha S}{d}}$$

式中　α——岩石的吸收常数；

r_e——炸药半径；

d——炸药的直径。

当 $\tau > \sigma_T$ 时，此处 σ_T 为岩石的动态抗拉强度，在两孔之间形成裂缝。

（2）苏联学者 A. A. 弗先柯和 B. C. 艾里斯托夫提出了预裂爆破炮孔线装药密度和孔间距的公式：

$$q_L = \frac{1}{4}\pi D^2 \cdot \frac{\sigma_c \rho \left(2.5 + \sqrt{6.25 + \frac{1400}{\sigma_c}} \right)}{100Q}$$

$$S = 1.6 \left(\frac{\sigma_c}{\sigma_t} \cdot \frac{\mu}{1 - \mu} \right)^{2/3} \cdot D$$

式中 q_L——炮孔线装药密度，g/m；

D——炮孔直径，mm；

σ_c——岩体抗压强度，10^5Pa；

σ_t——岩石抗拉强度，10^5Pa；

ρ——装药密度，t/m^3；

Q——装药爆热，4.2 kJ/kg；

S——炮孔间距，m；

μ——泊松比。

上述计算方法是以应力波波峰干扰理论为主要依据进行推导的，未考虑爆炸气体准静压力场的作用，因而不太完善。

（3）美国弗吉尼亚北部的MANASSSA采石场的预裂孔间距计算方法如下：

$$S = \frac{d(p_d d_c + T)}{T}$$

式中 S——炮孔间距，cm；

d——预裂孔孔径，cm；

$p_d d_c$——不耦合装药爆压，MPa；

T——岩石的动抗拉强度，MPa。

据介绍，这种计算方法对于大孔径（200~250 mm）的预裂爆破结果较精确。

（4）加拿大矿物和能源技术中心的预裂孔间距计算方法如下：

$$S = \frac{2r(p_b + T)}{T}$$

式中 r——预裂孔半径，cm；

p_b——药包爆压，MPa。

（5）瑞典兰格费尔斯提出的孔间距计算式

$$S \leqslant \frac{d(p_{bw} + T)}{T}$$

式中 p_{bw}——爆炸气体压力，MPa。

可以看出，美国、加拿大和瑞典采用的预裂孔间距的计算方法是一致的，仅公式的表达方式不同。

6.2.2.3 经验公式法

A 炮孔直径

预裂孔是在主爆区和保留区之间布置的、采用不耦合装药实施预裂爆破的密集炮孔。

（1）根据工程特点、地质条件、台阶高度和钻机类型等条件，预裂爆破炮孔直径一般为40~310 mm。通常如果炮孔深度浅，则孔径小；如果炮孔深度大，则孔径大。

浅孔爆破时，炮孔直径宜取40~50 mm；深孔爆破时，炮孔直径宜取50~310 mm。

（2）根据工程类别的不同，预裂爆破炮孔直径一般按照如下参数取值：

1）矿山边坡工程：100~310 mm；

2）井巷、隧道工程：40~50 mm；

3）公路、铁路和水电工程：50~100 mm。

《水工建筑物岩石地基开挖施工技术规范》（SL 47—2020）规定，紧邻保护层的预裂爆破的钻孔直径不宜大于110 mm。

B　炮孔孔距

预裂孔距是影响预裂成缝效果的重要因素之一。在岩石性质、炸药种类和孔径一定的情况下，预裂孔间距是较为重要的参数。

预裂炮孔孔距应根据岩石性质、炮孔直径、线装药密度、爆破要求等进行选择，并根据工程类比法进行优化。

炮孔孔距经验公式为：

$$a = (8 \sim 12)d$$

式中　d——炮孔直径，mm。

当岩体坚固性系数小、裂隙发育、可爆性好和所用炸药威力大时，预裂炮孔孔距取大值；反之，则取小值。

马鞍山矿山研究院提出的经验公式如下：

$$a = 19.4d(K - 1)^{-0.523} \quad (\text{cm})$$

式中　K——不耦合系数。

国外方面，主要预裂孔间距的经验公式如下：

瑞典的兰格弗尔斯提出：

$$S = (8 \sim 12)d \quad (\text{cm})$$

当炮眼直径 $d \leqslant 60$ mm时，则：

$$S = (9 \sim 14)d \quad (\text{cm})$$

英国化学工业公司的统计经验关系式为：

$$S = (8 \sim 14)d \quad (\text{cm})$$

C　炮孔深度

根据台阶参数，预裂炮孔深度计算公式如下：

$$L = (H + \Delta h)/\sin\alpha$$

式中　H——台阶高度；

　　α——炮孔倾角；

Δh——超深。

按照预裂爆破工程类别的不同，炮孔深度可以参照如下取值：

（1）矿山边坡、露天水电工程开挖时，孔深取5~20 m，超深取0.5~2.0 m；岩石坚硬完整时取大值，反之则取小值。

（2）小断面隧洞开挖时，孔深取1.5~2.0 m。

（3）大断面隧洞开挖时，Ⅰ~Ⅱ级围岩，孔深取3.0~5.0 m；Ⅱ~Ⅳ级围岩，孔深取2.0~3.0 m。

D 不耦合系数

不耦合装药是炸药的药卷表面与孔壁之间存在空气间隔的一种装药结构。

不耦合系数 K 是指炮孔直径 D 与炸药卷直径 d 之比，即 $K=d/D$；也可以表示为炮孔内装药段的体积与装填药包的体积之比。

不耦合装药可以减小炮孔壁四周的粉碎区和径向裂缝，使孔间拉开切割缝。大量试验表明，不耦合系数与岩石的抗压强度存在一定的关系，马鞍山矿山研究院提出的关系式为：

$$K = 1 + 18.32\sigma^{-0.26}$$

式中 K——不耦合系数；

σ——岩石抗压强度，MPa。

根据经验值，不耦合系数 K 一般取2~5。

国外的不耦合系数简述如下：

瑞典：当炮孔直径 $\varphi=62\sim200$ mm 时，$K=2.8\sim3.8$。瑞典兰格弗尔斯：$K=2\sim4$。

日本：当炮孔直径 $\varphi=62\sim200$ mm 时，$K=1.5\sim2.5$。

根据国外资料介绍，一般当 $K=2\sim4$ 时，可取得较满意的爆破预裂效果。

E 线装药密度

线装药密度是指单位长度炮孔的平均装药量。线装药密度是预裂爆破的一个重要参数，应根据岩石强度、炮孔直径、炮孔孔距和工程要求等确定，经验计算通式如下：

$$q_{\mathrm{L}} = K(\sigma_{压})^{\alpha} \cdot a^{\beta} \cdot d^{\gamma}$$

式中 q_{L}——炮孔的线装药密度，kg/m；

$\sigma_{压}$——岩石的极限抗压强度，MPa；

a——炮孔间距，m；

d——炮孔直径，m；

K，α，β，γ——系数。

国内线装药密度主要经验计算公式见表6-1。

国外加拿大工业公司和美国杜邦公司以爆压不超过原位岩石的动抗压强度为

准来计算装药密度：

$$p_b = N\rho D^2$$

式中　p_b——炮孔完全装填药包的爆压，MPa；

N——常数；

ρ——炸药密度，g/cm³；

D——爆速，m/s。

表 6-1　国内线装药密度经验计算公式表

单位名称	线装药密度经验计算公式	备注
马鞍山矿山研究院	$q_L = 78.5d^2 \cdot K^{-2} \cdot \rho$	ρ 为炸药密度(g/cm³)
长江科学院	$q_L = 0.034(\sigma_{压})^{0.63} \cdot d^{0.67}$	
长江水利委员会	$q_L = 0.36(\sigma_{压})^{0.6} \cdot a^{0.67}$	
武汉水利电力学院	$q_L = 0.127(\sigma_{压})^{0.5} \cdot a^{0.84} \cdot (d/2)^{0.24}$	
葛洲坝工程局	$q_L = 0.367(\sigma_{压})^{0.5} \cdot d^{0.36}$	
三峡公式	$q_L = 3(da)^{0.5} \cdot (\sigma_{压})^{1/3}$	

对于预裂爆破最小线装药密度，主要经验公式如下：

（1）柏森等提出的公式：

$$\Delta_e = 90D$$

式中　Δ_e——与铵油爆破剂（ANFO）等效的炸药线装药密度，kg/m；

D——炮孔直径，m。

（2）中国葛洲坝工程局提出的公式：

$$\Delta_e = 9.318\sigma_c^{0.53} \cdot r^{0.38}$$

当岩石抗压强度 $\sigma_c = 10 \sim 150$ MPa，且 $r = 23 \sim 85$ mm 时：

$$\Delta_e = 0.595\sigma_c^{0.5} \cdot S$$

式中　σ_c——岩石的抗压强度，MPa；

r——炮孔半径，mm；

S——孔间距，cm。

当岩石抗压强度 $\sigma_c = 20 \sim 150$ MPa 时，孔距 $S = 45 \sim 120$ cm。

各类岩石预裂爆破线装药密度见表 6-2；岩体完整程度与结构面发育程度见表 6-3。

表 6-2　各类岩石预裂爆破线装药密度表

岩石名称	岩石特征	岩石坚固性系数 f	岩体体积节理数 J_V/条·m⁻³	线装药密度 q_L/kg·m⁻¹
页岩 千枚岩	风化破碎	2~4	20~35	0.27~0.4
	完整、微风化	4~6	<3	0.3~0.46

续表 6-2

岩石名称	岩石特征	岩石坚固性系数 f	岩体体积节理数 J_V/条·m^{-3}	线装药密度 q_L/kg·m^{-1}
板岩 泥炭岩	泥质、薄层、层面张开、较破碎	3~5	10~20	0.3~0.45
	较完整、层面闭合	5~8	3~10	0.32~0.48
片麻岩	片理或节理发育的	5~8	20~35	0.32~0.48
	完整坚硬的	9~14	<3	0.4~0.59
流纹岩 蛇纹岩	较破碎的	6~8	10~20	0.32~0.48
	完整的	9~12	<3	0.4~0.59
砂岩	泥质胶结、中薄层或风化破碎	4~6	20~35	0.27~0.4
	钙质胶结、中厚层、中细粒结构、裂隙不甚发育	7~8	3~10	0.33~0.5
	硅质胶结、石英砂岩、厚层裂隙不发育、未风化	9~14	<3	0.38~0.58
砾岩	胶结性差、砾岩以砂岩或较不坚硬岩石为主	5~8	10~20	0.32~0.48
	胶结好、以较坚硬的岩石组成、未风化	9~12	<3	0.37~0.55
白云岩 大理岩	节理发育、较疏松破碎、裂隙频率大于4条/m	5~8	10~20	0.32~0.48
	完整、坚硬的	9~12	<3	0.38~0.57
石灰岩	中薄层或含泥质、竹叶状结构及裂隙较发育	6~8	10~20	0.33~0.5
	厚层、完整或含硅质、致密的	9~15	<3	0.38~0.58
花岗岩	风化严重、节理裂隙发育、多组节理交割、裂隙频率大于5条/m	4~6	10~20	0.3~0.45
	风化较轻、节理不甚发育或微风化的伟晶、粗晶结构	7~12	3~10	0.36~0.54
	细晶均质结构、未风化、完整致密的	12~20	<3	0.42~0.63
正长岩 闪长岩	较风化、整体性差的	8~12	10~20	0.34~0.52
	未风化、完整致密的	12~18	<3	0.41~0.62
石英岩	风化破碎、裂隙频率大于5条/m	5~7	20~35	0.3~0.45
	中等坚硬、较完整的	8~14	3~10	0.37~0.56
	很坚硬完整、致密的	14~20	<3	0.46~0.68
安山岩 玄武岩	受节理裂隙切割的	7~12	10~20	0.34~0.51
	完整坚硬致密的	12~20	<3	0.44~0.66
辉长岩 橄榄岩	受节理切割的	8~14	10~20	0.38~0.58
	很完整、很坚硬致密的	14~25	<3	0.48~0.72

表 6-3　岩体完整程度与结构面发育程度表

<table>
<tr><th rowspan="2">岩体完整性指数 K_V</th><th rowspan="2">完整程度</th><th rowspan="2">岩体体积节理数 J_V/条 · m^{-3}</th><th colspan="2">结构面发育程度</th><th rowspan="2">主要结构面的结合程度</th><th rowspan="2">主要结构面类型</th><th rowspan="2">相应结构类型</th></tr>
<tr><th>组数</th><th>平均间距/m</th></tr>
<tr><td>>0.75</td><td>完整</td><td><3</td><td>1~2</td><td>>1.0</td><td>结合好或结合一般</td><td>节理、裂隙、层面</td><td>整体状或巨厚层状结构</td></tr>
<tr><td rowspan="2">0.75~0.55</td><td rowspan="2">较完整</td><td rowspan="2">3~10</td><td>1~2</td><td>>1.0</td><td>结合差</td><td rowspan="2">节理、裂隙、层面</td><td>块状或厚层状结构</td></tr>
<tr><td>2~3</td><td>1.0~0.4</td><td>结合好或结合一般</td><td>块状结构</td></tr>
<tr><td rowspan="3">0.55~0.35</td><td rowspan="3">较破碎</td><td rowspan="3">10~20</td><td>2~3</td><td>1.0~0.4</td><td>结合差</td><td rowspan="3">节理、裂隙、劈理、层面、小断层</td><td>裂隙块状或中厚层状结构</td></tr>
<tr><td rowspan="2">≥3</td><td rowspan="2">0.4~0.2</td><td>结合好</td><td>镶嵌碎裂结构</td></tr>
<tr><td>结合一般</td><td>薄层状结构</td></tr>
<tr><td rowspan="2">0.35~0.15</td><td rowspan="2">破碎</td><td rowspan="2">20~35</td><td rowspan="2">≥3</td><td>0.4~0.2</td><td>结合差</td><td rowspan="2">各种类型结构面</td><td>裂隙块状结构</td></tr>
<tr><td>≤0.2</td><td>结合一般或结合差</td><td>碎裂结构</td></tr>
<tr><td>≤0.15</td><td>极破碎</td><td>≥35</td><td colspan="2">无序</td><td>结合很差</td><td>—</td><td>散体状结构</td></tr>
</table>

注：平均间距指主要结构面间距的平均值。

岩体完整性指数 K_V 的测试应符合下列规定：

（1）应针对不同的工程地质岩组或岩性段，选择有代表性的测段，测试岩体弹性纵波速度，并应在同一岩体中取样，测试岩石弹性纵波速度。

（2）对于岩浆岩，岩体弹性纵波速度测试宜覆盖岩体内各裂隙组发育区域；对于沉积岩和沉积变质岩层，弹性波测试方向宜垂直于或大角度相交于岩层层面。

（3）岩体完整性指数 K_V 按照下式计算：

$$K_V = \left(\frac{V_{pm}}{V_{pr}}\right)^2$$

式中　V_{pm}——岩体弹性纵波波速，km/s；

　　V_{pr}——岩石弹性纵波波速，km/s。

岩体体积节理数 J_V 的测试应符合下列规定：

（1）应针对不同的工程地质岩组或岩性段，选择有代表性的出露面或开挖壁面进行节理（结构面）统计。有条件时宜选择两个正交岩体壁面进行统计。

（2）岩体体积节理数 J_V 的测试应采用直接法或间距法。

（3）间距法的测试应符合下列规定：

1）测线应水平布置，测线长度不宜小于 5 m；根据具体情况，可增加垂直测线，垂直测线长度不宜小于2 m。

2）应对与测线相交的各结构面迹线交点位置及相应结构面产状进行编录，并根据产状分布情况对结构面进行分组。

3）应对测线上同组结构面沿测线方向的间距进行测量与统计，获得沿测线方向的视间距。应根据结构面产状与测线方位，计算该组结构面沿法线方向的真间距，其算术平均值的倒数即为该组结构面沿法向单位长度结构面的条数。

4）对于迹线长度大于1 m的分散节理应予以统计，已为硅质、铁质、钙质胶结的节理不应参与统计。

5）J_V值应根据节理统计结果按下式计算：

$$J_V = \sum_{i=1}^{n} S_i + S_0, i = 1, \cdots, n$$

式中 J_V——岩体体积节理数，条/m^3；

n——统计区域内结构面组数；

S_i——第i组结构面沿法向单位长度结构面的条数；

S_0——每立方米岩体非成组节理条数。

F 炮孔填塞

对于预裂炮孔，应采用炮泥或岩粉进行填塞，填塞材料中不应混有石块和易燃材料，确保填塞长度与填塞质量。

预裂炮孔填塞长度应根据炮孔直径或炮孔深度等确定，经验公式为：

$$l = (12 \sim 20)d$$

G 预裂孔与主爆孔的距离

为了获得高质量预裂爆破，必须正确地确定最后一排爆破孔至预裂爆破面的距离。这个最佳距离的标准为：预裂缝与最后一排主爆炮之间的岩体能够得到应有的破碎，既不会遗留未被爆除的石埂，也不需要进行二次爆破。同时，在主爆孔爆破时，不能破坏已形成的预裂面，应使预裂面保持完好。

预裂孔与主爆孔之间应有一定间距，若距离太小，则主爆孔爆破会损坏预裂爆破的坡面；若距离太大，则预裂孔与主爆孔之间的岩体不能爆落，会形成所谓的“贴饼”现象。这两个孔的间距可以根据炮孔直径、前排主爆孔的单段起爆药量、岩体强度等参数，结合相关经验进行选取，经验取整范围见表6-4。

表6-4 预裂孔、主爆孔间距与主爆孔药径药量关系表

主爆孔药包直径/mm	<32	$32 \leqslant d < 50$	$50 \leqslant d < 80$	$80 \leqslant d < 100$	$100 \leqslant d < 150$
主爆孔单段起爆药量/kg	<20	<50	<100	<300	<1000
预裂孔与主爆孔间距/m	0.8	0.8~1.2	1.2~1.5	1.5~2.0	2.0~3.0

H 预裂缝的超深和超长

为了保证保留区开挖轮廓面的完整，有效地保护保留岩体，应当避免主爆孔的爆炸应力波直接作用于轮廓面上。为此，要求预裂爆破的范围必须超出主爆孔的布药界限。预裂面超出主爆孔界限的部分，称为预裂缝的超深 Δh 和超长 ΔL。

预裂缝的超深 Δh 可按下式表示：

$$\Delta h = H - h$$

式中　H——预裂缝深度，它包括预裂爆破孔下的开裂深度；

h——主爆孔深度。

预裂缝的超长 ΔL 可按下式计算：

$$\Delta L = (L - B)/2$$

式中　L——预裂线长度；

B——主爆孔布置的总宽度。

一般情况下，可以用炮孔爆破时的垂直和水平破坏半径作为超深和超长的下限值。在露天台阶爆破中，岩体的破坏半径与岩石性质、炮孔装药量以及施工方面的因素有关。生产实践中，一般以炮孔药柱直径的倍数作为计算的指标。

通常，垂直的破坏半径 R_v 为药柱直径 d_e 的 10~20 倍，水平破坏半径 R_h 为药柱直径的 50~100 倍，进而可以得到：

$$\Delta h \geqslant (10 \sim 20)d_e$$

$$\Delta L \geqslant (50 \sim 100)d_e$$

预裂爆破时，预裂孔的布孔界限应超出主爆区范围，宜向主爆区两侧各延伸 ΔL=5~10 m。缓冲孔位于预裂孔和主炮孔之间，设 1~2 排，如图 6-2 所示。

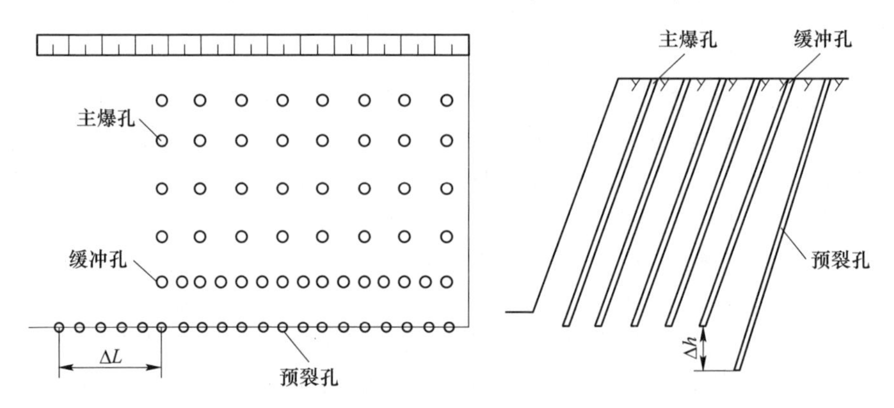

图 6-2　预裂缝的超深（Δh）及超长（ΔL）示意图

6.2.2.4　工程类比法

根据完成的工程实际经验资料，结合地形地质条件、钻孔机械、爆破要求及爆破规模等进行类比，是选择预裂爆破参数行之有效的方法。国内部分露天金属矿山和水电工程的预裂爆破参数见表 6-5~表 6-7。

预裂爆破采用低猛度、低爆速的炸药，可以减小炮孔周围岩石的过粉碎。研究表明，只有当径向不耦合系数取值在 1.5~4（当孔径 d 小于 100 mm时，取 1.5~3；孔径 d 大于 100 mm 时，取 3~4）时，才能形成质量较好的预裂缝。

表 6-5 国内部分露天金属矿山预裂爆破参数表

矿山名称	地质条件	岩石坚固性系数 f	孔径/mm	孔距/m	平均线装药密度 /kg · m^{-1}	炸药类型
南山铁矿	闪长玢岩	8~12	150	1.5~1.8	1.3	铵油炸药
	安山岩	6~8	140	2~2.5	1.0	岩石乳化炸药
南芬铁矿	混合岩	8~10	140	1.3~1.5	1.2	岩石乳化炸药
			125	1.1~1.3	1.0	
	角闪岩	10~14	140	1.3~1.5	1.2	
			125	1.1~1.3	1.0	
齐大山铁矿	混合岩	10~14	168	1.3	1.1	岩石乳化炸药
朱家堡铁矿	辉长岩	14~16	200	1.5	2.0	岩石乳化炸药
兰尖铁矿	辉长岩	14~16	160	1.0	1.2	岩石乳化炸药

表 6-6 国内部分隧道预裂爆破参数表

隧道名称	地质条件	开挖断面/m^2	孔径/mm	孔深/m	线装药密度 /kg · m^{-1}	装药结构
梨树沟隧道	角闪片麻岩，f=4~5	试验洞 10~12	40	1.05~1.2	0.26	ϕ20 mm 硝铵炸药卷加传爆线
普济隧道	泥沙岩，f=3	50	50	1.8	0.34	ϕ20 mm 药卷加传爆线
某地下油库	白云岩，f=6	洞库壁直径 D=28 m	40~42	3.0~3.5	0.25	ϕ20 mm 药卷加传爆线
东江导流洞	花岗岩，f=6	6.25	40	3	0.35~0.40	间隔装药加传爆线
下坑隧道	千枚岩，f=1.0~2.5	下断面 29~31	40~42	1	0.15~0.30	ϕ19 mm 药卷加传爆线
南岭隧道进口	砂页岩，页岩，Ⅱ类围岩	下断面 64	38	1.05~1.23	0.062~0.142	ϕ20 mm 药卷加传爆线
大瑶山隧道进口	碳质板岩，Ⅱ类围岩	101.3	48	1.5~2.5	0.128~0.232	ϕ42 mm 间隔加传爆线

表 6-7　国内部分水电工程预裂爆破参数表

项目名称	岩性条件	孔距/m	孔径/mm	孔深/m	线装药密度 /kg · m^{-1}	装药结构
溪洛渡水电站边坡	玄武岩（Ⅳ类）	1.0~1.1	110	15	0.28~0.3	ϕ32 mm 药卷加导爆索
	玄武岩（Ⅲ$_2$类）	0.9~1.0	105	15	0.3~0.35	ϕ32 mm 药卷间隔，底部 ϕ60 mm 药卷，加导爆索
	玄武岩（Ⅲ$_1$类）	0.8~0.9	90	15	0.3~0.35	ϕ32 mm 药卷间隔，底部 ϕ60 mm 药卷，加导爆索
	玄武岩（Ⅱ类）	0.8	90	15	0.33~0.38	ϕ32 mm 药卷间隔，底部 ϕ60 mm 药卷，加导爆索
向家坝地下厂房边墙预裂	砂岩（Ⅱ类）	0.7	76	8.4~11	0.5~0.6	ϕ32 mm 药卷加导爆索
白鹤滩水电站右岸坝肩边坡	角砾熔岩	0.8	90	11.4	0.32~0.35	ϕ32 mm 药卷加导爆索
长龙山抽水蓄能电站地下厂房	凝灰岩（Ⅱ类）	0.75~0.85	90	8.0	0.56~0.65	ϕ32 mm 药卷加导爆索
鲁布革水电站溢洪道	白云岩（弱风化）	0.5~0.88	80	6~8	0.21~0.28	ϕ25 mm 药卷加导爆索

6.2.2.5　推荐参数表

（1）瑞典兰格弗尔斯和基尔斯特姆建议的预裂爆破参数见表 6-8。

表 6-8　兰格弗尔斯和基尔斯特姆建议的预裂爆破参数

炮孔直径		线装药密度		炸　药	预裂孔距	
mm	in	kg/m	lb/ft		m	ft
30	1.5			古立特（Gurit）	0.25~0.5	1~1.5
37	1.5	0.12	0.08	古立特（Gurit）	0.30~0.5	1~1.5
44	1.5	0.17	0.11	古立特（Gurit）	0.30~0.5	1~1.5
50	2	0.25	0.17	古立特（Gurit）	0.45~0.70	1.5~2
62	2.5	0.35	0.23	耐比特 ϕ22 mm	0.55~0.80	2~2.5
75	3	0.5	0.34	耐比特 ϕ25 mm	0.60~0.90	2~3
87	3.5	0.7	0.5	代那买特 ϕ25 mm	0.7~1.0	2~3
100	4	0.9	0.6	代那买特 ϕ29 mm	0.8~1.2	3~4
125	5	1.4	0.9	耐比特 ϕ40 mm	1.0~1.5	3~5

续表 6-8

炮孔直径		线装药密度		炸 药	预裂孔距	
mm	in	kg/m	lb/ft		m	ft
150	6	2.0	1.3	耐比特 ϕ50 mm	1.2~1.8	4~6
200	8	3.0	2.0	代那买特 ϕ52 mm	1.5~2.1	5~7

注：如果没有专用的炸药，可按表中的线装药密度值用代那买特绑在一条导爆索上用于预裂孔装药。

（2）古斯塔森提供的预裂爆破参数见表 6-9。

表 6-9 古斯塔森的预裂爆破参数（1981 年）

孔径/mm	孔距/m	线装药密度/kg · m^{-1}	炸药类型
25~32	0.30~0.60	80 g	导爆索
25~32	0.35~0.60	0.30	管装炸药 ϕ17 mm
40	0.35~0.50	0.30	管装炸药 ϕ17 mm
51	0.40–0.50	0.60	管装炸药 ϕ17 mm
64	0.60~0.80	0.46	条装炸药 ϕ25 mm

（3）美国卡里瓦托（Carlevato）建议的参数见表 6-10。

表 6-10 卡里瓦托建议的参数

孔径/mm	孔距/cm	线装药密度/kg · m^{-1}
37~43	25~37	0.11~0.36
50~62	37~50	0.11~0.36
75~87	37~75	0.19~0.72
100	50~100	0.36~1.08

（4）山特维克和塔姆洛克提供的预裂爆破参数见表 6-11。

表 6-11 山特维克和塔姆洛克提供的预裂爆破参数

孔 径		线装药密度/kg · m^{-1}	孔距/m	单位面积钻孔米数 /m · m^{-2}
mm	in			
32	1~1/4	0.13~0.20	0.45~0.7	2.22~1.43
38	1~1/2	0.21	0.45~0.7	2.22~1.43
51	2	0.38~0.47	0.5~0.8	2.00~1.25
64	2~1/2	0.38~0.55	0.5~0.9	2.00~1.43
76	3	0.55~0.71	0.7~0.9	1.67~1.11
89	3~1/2	0.90~1.32	0.7~1.1	1.43~0.91
102	4	0.90~1.32	0.7~1.1	1.43~0.91

（5）马鞍山矿山研究院提出的预裂爆破参数见表 6-12。

表 6-12　马鞍山矿山研究院提出的预裂爆破参数

孔径/mm	孔距/m	线装药密度/kg · m^{-1}	炸药
32	0.3~0.5	0.15~0.25	2 号岩石硝铵炸药
42	0.4~0.6	0.15~0.30	
50	0.5~0.8	0.20~0.35	
80	0.6~1.0	0.25~0.50	
100	0.7~1.2	0.30~0.70	

（6）国外部分预裂爆破参数见表 6-13。

表 6-13　国外部分预裂爆破参数值

国家	炮孔直径/mm	炮孔间距/m	线装药密度 /kg · m^{-1}
美国杜邦公司	38~45	0.3~0.38	0.13~0.36
	50~64	0.38~0.5	0.13~0.36
	76~90	0.5~0.76	0.24~0.75
	102	0.5~1.0	0.36~1.12
瑞典兰格弗尔斯（U. Langefors）	30	0.25~0.50	—
	37	0.30~0.50	0.12
	44	0.30~0.50	0.17
	50	0.46~0.7	0.25
	62	0.55~0.8	0.35
	75	0.6~0.9	0.5
	87	0.7~1.0	0.7
	100	0.8~1.2	0.9
	125	1.0~1.5	1.4
	150	1.2~1.8	2.0
日本	37~43	35~45	0.12~0.36
	50~62	45~60	0.12~0.36
	75~87	45~90	0.19~0.70
	100	60~120	0.36~1.10

6.2.2.6　典型工程爆破参数

我国部分工程、露天金属矿山、地下矿山的预裂爆破参数见表 6-14 ~ 表 6-16。

表 6-14 我国某些工程采用预裂爆破参数表

工程名称	地质条件	孔径/mm	孔深/m	孔距/m	装药量/kg	堵塞长度/m	顶部减弱装药		中部正常装药		底部加强装药		全孔平均线装药密度/g·m^{-1}	中部线装药密度/g·m^{-1}	炸药类型	爆破效果
							长度/m	装药量/g	长度/m	装药量/g	长度/m	装药量/g				
南山矿	闪长玢岩 f=8~12	150	17	130~150	17.0	2.0	—	—	—	—	—	—	1000	1133	铵油炸药	预裂面平整，孔痕清晰完整
南山矿	闪长玢岩 f=8~12	150	17	150~180	22.1	3.0		—	—	—	—	—	1300	1578	铵油炸药	预裂面平整，孔痕清晰完整
南山矿	闪长玢岩 f=4~8	150	17	180~250	23.8	4.0	—	—	—	—	—	—	1400	—	铵油炸药	预裂面基本平整，留有少量孔痕
东江水电站	花岗岩	110	9.4	100	7.2	1.0	—	—	7.8	5850	0.6	1350	766	750	2号岩石硝铵炸药	半孔率为87.5%，超欠挖小于8.73 cm
东江水电站	花岗岩	40	3	35	1.05	0.75	—	—	2.25	1050	—	—	350	466	2号岩石硝铵炸药	效果好，壁面平整
龙羊峡水电站	新鲜花岗闪长岩	75	8	90	4.8	1.0	1.0	300	5	3000	1.0	1500	600	600	2号岩石硝铵炸药	预裂缝宽为2.04 cm，半孔率为90%
格拉都水电站	中粗粒花岗岩	80	8	70	2.0	1.5	0.5	100	5.5	1400	0.5	500	250	255	胶质炸药	不平整度小于10 cm
沙溪口水电站	石英、云母片岩	91	14.4	80	3.38	1.4	4.5	750	7.5	1875	1.0	750	234	250	耐冻胶质炸药	半孔率为98.5%

续表 6-14

工程名称	地质条件	孔径/mm	孔深/m	孔距/m	装药量/kg	堵塞长度/m	顶部减弱装药		中部正常装药		底部加强装药		全孔平均线装药密度 $/g \cdot m^{-1}$	中部线装药密度 $/g \cdot m^{-1}$	炸药类型	爆破效果
							长度/m	装药量/g	长度/m	装药量/g	长度/m	装药量/g				
葛洲坝水电站	黏土质粉砂岩	91	26	100	5.67	1.5	2.0	268	22	4400	0.5	1000	218	200	耐冻胶质炸药	效果良好
		65	18	80	5.03	1.2	1.65	225	15.8	3900	0.55	900	279	247	2号岩石硝铵炸药	效果良好
官厅水库	石灰岩	100	5	75	1.42	1.5	1.0	224	1.5	563	1.0	633	284	375	2号岩石硝铵炸药	预裂缝宽为0.5~1.0 cm
贵新高速	石灰岩	100	19	100	8.6	1.5	4.5	900	8	3200	4.0	4500	453	400	2号岩石硝铵炸药	预裂加硐室爆破，预裂面平整光滑，半孔率在96%以上
焦晋高速	石灰岩	100	20	120	9.0	2.0	5.0	1000	9	3600	4.0	4400	450	400	2号岩石硝铵炸药	台阶预裂加硐室爆破，预裂面平整效果好，半孔率在90%以上

表 6-15 我国部分露天金属矿山预裂爆破参数表

矿山名称	地质条件	普氏系数 f	孔深/m	孔径/mm	孔距/m	全孔装药量/kg	填塞长度/m	平均线装药密度/$kg \cdot m^{-1}$	炸药品种
南山铁矿	闪长玢岩	8~12	17	150	1.5~1.8	22.1	3.0	1.3	铵油炸药
	安山岩	6~8	13.5~14.5	140	2~2.5	12~13	1.5	1	岩石乳化炸药
南芬铁矿	混合岩	8~10	12~12.5	310	3.5	92~96	3.5~4	8.0	岩石乳化炸药
			12~12.5	250	2.5~2.7	72~75	2.5~3	6.0	
			13.5	140	1.3~1.5	16.2~16.8	1.5~2	1.2	
			12~12.5	125	1.1~1.3	12.5~13	1.5	1.0	
	角闪岩	10~14	12~12.5	250	2.7	72~75	2.5~3	6.0	
			17	140	1.3~1.5	20.4~21	1.5~2	1.2	
			13.5	125	1.1~1.3	14	1.5	1.0	
歪头山铁矿	阳起石	14~16	13	250	3~3.3	48~51	3~5	6	岩石乳化炸药
	混合花岗岩	16							
	角闪岩	16~18							
齐大山铁矿	千枚岩	10	15	250	3.5~4	90	6	5.5	铵油炸药或乳化炸药
	混合岩	10~14	22	168	1.3	28	3.5	1.1	岩石乳化炸药
朱家堡铁矿	辉长岩	14~16	18	200	1.5	14~20	2	2	岩石乳化炸药
兰尖铁矿	辉长岩	14~16	18	160	1.0	21~22.2	1.5	1.2	岩石乳化炸药
眼前山铁矿	混合岩	8~10	—	250	2.5	—	—	2.8	铵油炸药

表 6-16　部分地下矿山预裂爆破试验参数

矿山名称	工程地点	地质条件	断面（宽×高）/m×m	爆破参数					爆破效果	年份
				孔径/mm	孔距/m	孔深/m	密集系数	装药密度/kg·m^{-1}		
安徽琅琊山铜矿	−15 线巷道拱部	石英闪长玢岩，f=6~8，节理稍发育	2. 15×2. 3	42	0. 4~0. 5	1. 8~2. 0	0. 8~0. 83	0. 15~0. 2	岩面平整，无浮石，半壁孔完整清晰，半孔率大于95%	1978
安徽琅琊山铜矿	新副井井底车场	灰岩，f=5~6，节理裂隙不发育	2. 3×3. 0	42	0. 4~0. 5	1. 8~2. 0	0. 8~0. 83	0. 15~0. 2	岩面平整，无浮石，半壁孔完整清晰，半孔率大于95%	1979
江苏冶山铁矿	卷扬机硐室拱部	风化的花岗闪长斑岩，风化层斜交硐体，节理裂隙非常发育	11. 3×（6. 3~7. 4）	42	0. 5~0. 6	2. 3~2. 5	0. 8~0. 9	0. 1~0. 15	岩面平整，无浮石或极少浮石，半壁孔完整清晰，半孔率在90%~95%	1979

注：装药结构均采用直径为 32 mm 的 1/2 药卷分段装药，由火雷管-导爆索起爆。

6.2.3 装药结构

预裂爆破装药有两种形式，一种是采用定位方法将装药的塑料管控制在炮孔中央，预裂爆破效果好，但费用较高；另一种是将 25 mm、32 mm 或 35 mm 等直径的标准炸药卷顺序连续或间隔地绑在导爆索上。

预裂爆破装药结构包括不耦合装药和耦合装药，其中不耦合装药结构分为径向不耦合和轴向不耦合两种。

当采用轴向不耦合装药时，一般是将 25 mm、32 mm 或 35 mm 等直径的标准炸药卷间隔地绑在导爆索上，炸药卷和导爆索形成间隔药串进行装药，绑在导爆索上的药串可以再绑在竹片上，缓缓送入孔内，应使竹片贴靠保留岩壁一侧；也可用预裂爆破专用炸药卷进行连续装药。当采用径向不耦合装药时，药卷直径按照线装药密度计算确定。

对于轴向不耦合装药结构，宜分为底部加强装药段、正常装药段和上部减弱装药段，可将减弱装药段减少的药量和孔口填塞段应计药量移至加强装药段。减弱装药段长度宜为加强装药段长度的 1~4 倍（图 6-3）。炮孔底部增加的装药量见表 6-17。

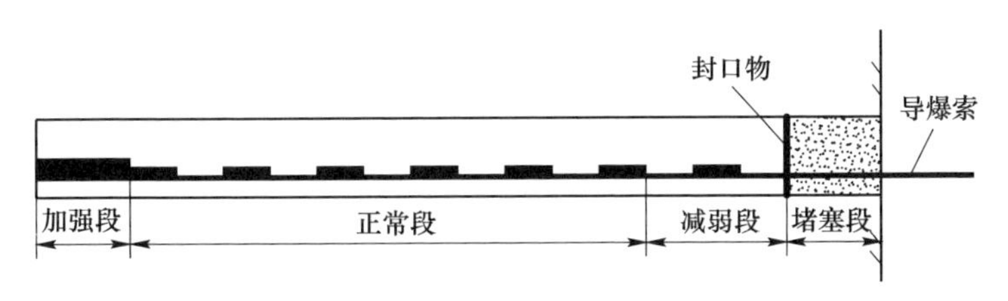

图 6-3 预裂爆破孔装药结构图

表 6-17 预裂炮孔底部加强装药段药量增加表

孔深 L/m	<3	3~5	5~10	10~15	15~20
L_1/m	0.2~0.5	0.5~1.0	1.0~1.5	1.5~2.0	2.0~2.5
q_{y1}/q_y	1.0~2.0	2.0~3.0	3.0~4.0	4.0~5.0	5.0~6.0

注：L_1 为底部加强装药段长度；q_{y1} 为加强装药段线装药密度，g/m；q_y 为正常装药段线装药密度，g/m。

6.3 预裂爆破作业工艺

6.3.1 作业流程

预裂爆破工艺流程如图 6-4 所示。

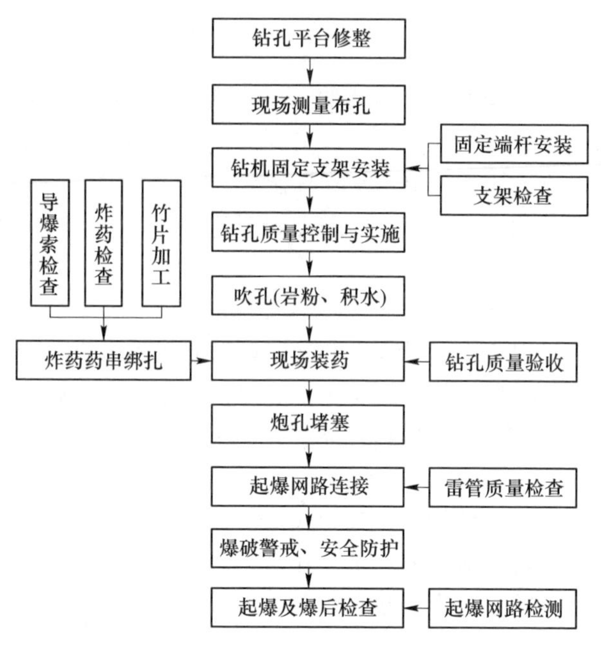

图 6-4　预裂爆破工艺流程图

6.3.2　炮孔布设

预裂爆破首先要根据爆破设计在现场布设炮孔位置，做好孔位、倾角、孔深等标记，为钻孔人员提供可操作性依据（图 6-5 和图 6-6）。

图 6-5　金属矿山预裂孔布设

图 6-6　水利水电工程预裂孔布设

（1）现场钻孔施工前要严格做好测量放线工作，标明设计钻孔的位置、倾角、孔深等参数。

（2）预裂孔应准确布置在开挖边线上，孔口位置偏差不大于1倍炮孔直径。

（3）为保证预裂缝的隔振效果，预裂孔的布孔界限应超出主爆区，宜向主爆区的两个方向各延伸5~10 m。

（4）当相邻主爆区单段起爆药量较大时，应在预裂孔与主爆区间布置1~2排缓冲孔，缓冲孔与预裂孔的间距依经验或现场试验确定。

6.3.3　穿孔作业

钻孔是预裂爆破施工的重要环节。实践表明，预裂爆破的壁面成形质量很大程度上取决于钻孔质量，如孔位精度、钻孔角度、钻孔偏斜度等。

预裂孔的主要钻孔的要求如下：

（1）钻机司机需要熟悉和了解钻孔设备的性能、构造原理，摸清不同岩层的凿岩规律；同时，加强钻孔技术培训教育，不断提高钻孔技术水平，保证预裂钻孔的准确性。

（2）钻孔作业应做到“对位准、方向正、角度精”，并满足下列要求：

1）地面起伏不平处应先予以平整，并根据平整后的地面调整炮孔深度，炮孔深度误差不得超过±2.5%；

2）孔口位置偏差不得超过1倍炮孔直径；

3）方向误差不得超过1°。

（3）对于钻孔角度，一般使用专用角度尺，或在钻机机架上吊一垂球，按坡比调整钻孔精度；施工中可以将电子测斜仪放置在钻杆上，精确调控钻孔倾角（图6-7和图6-8）。

图6-7　现场钻孔

（4）凿岩的基本操作方法为：软岩慢打，硬岩快打。

凿岩的操作要领为：孔口要完整，孔壁要光滑，湿式凿岩时要调整好水量，掌握好岩浆浓度，保证排渣顺利。

图 6-8　预裂孔倾角测量定位

（5）炮孔超钻深度宜为 0.5~2.0 m。当钻孔深且岩石坚硬完整时，取大值；反之，则取小值。

（6）炮孔偏斜度的允许误差：矿山与路基边坡为 1.5%，地下硐室开挖为 1%，水电工程边坡为 0.5%。

（7）露天边坡预裂爆破时，预裂孔应按设计要求钻凿在一个布孔面上，钻孔倾角与设计边坡角度一致，炮孔底部应在同一水平面上。

（8）当钻孔质量不符合要求时，需要进行处理或重新钻孔，以保证获得良好的爆破效果。

6.3.4　装药作业

预裂炮孔装药作业是落实爆破设计参数、装药结构的关键环节，必须加强现场管理和技术质量交底工作，保证装药施工质量。主要注意事项如下：

（1）预裂炮孔在装药前应做好炮孔质量验收工作，对全部炮孔进行查验，吹净孔内的残渣和积水；对于排不干积水的炮孔，应采用防水性好的爆破器材或采取防水措施。

（2）预裂爆破的验孔、装药等工作，应在爆破工程技术人员的现场指导监督下，由熟练爆破员进行操作。

（3）预裂爆破宜采用不耦合装药，应严格按照设计的装药参数装药。

（4）若采用药串结构药包，则应严格做好药包、药串加工工作。在加工和装药过程中，应防止药卷滑落。若设计要求药包装于钻孔轴线上，则应使用专门的定型产品或采取定位措施。

（5）预裂爆破药包加工一般在爆破现场进行。通常采用两种方法：一是将炸药装填于一定直径的硬塑料管内，连续装药，并在全管内装入一根导爆索，导爆索长度应大于孔长 1.0 m 左右；二是将炸药卷与导爆索绑扎固定在一起，然后再绑在竹片上，形成药串形式的装药结构。

（6）预裂孔采用人工方式进行装药，装药人员将加工好的药串轻轻抬起，由孔口缓慢地放入孔内，使有竹片一侧靠在保留区一侧的炮孔壁上。

（7）《水工建筑物岩石地基开挖施工技术规范》（SL 47—2020）规定，预裂爆破的最大单段起爆药量可由试验确定，在无试验资料的条件下，不宜大于50 kg，以控制爆破振动，并降低预裂爆破本身对保留岩体的不利影响。这里的炸药用量，以2号岩石硝铵炸药的相关性能指标为参考，若使用其他品种的炸药，则其用量需进行换算。

（8）临近预裂孔的缓冲孔和主爆孔既可以采用人工装药，也可以通过现场混装车装药(图6-9)。当采用铵油炸药时，一般在孔底采用起爆弹进行起爆(图6-10)；当采用现场敏化乳化炸药时，宜在现场进行炸药敏化测试(图6-11)。

图6-9　预裂孔装药

图6-10　起爆弹

图6-11　炸药敏化测试

6.3.5　炮孔堵塞

预裂爆破时，对预裂炮孔进行适当堵塞，可以延长爆炸气体在孔内作用的时间，有利于增加预裂缝的宽度。因此，应做好炮孔堵塞工作，并保证堵塞质量。

（1）炮孔装药后，通常将牛皮纸团、编织袋等物质放到堵塞段的下部，然后用土壤、细沙、岩粉等进行堵塞，严禁使用块状、可燃的材料进行堵塞。炮孔堵塞长度一般为1~2 m。

（2）预裂孔应采用人工堵塞，临近的缓冲孔和主爆孔可以采用人工或机械设备堵塞。

（3）炮孔堵塞前，应做好现场人员培训和技术交底工作。

（4）炮孔堵塞时，应注意保护起爆网路，避免其被砸破、砸断等。

6.3.6　起爆网路

预裂爆破起爆网路的连接质量关系到起爆的可靠性和预裂爆破质量。若起爆网络连接错误或连接绑扎不牢固，则易于发生拒爆等盲炮事故。现场施工过程中，应做好以下事项：

（1）预裂爆破的起爆方法分为电起爆、非电起爆和混合起爆；起爆网路分为接力起爆网路、闭合起爆网路和混合起爆网路，由导爆索与数码电子雷管组成。随着数码电子雷管的全面应用，国内预裂爆破开始全部使用数码雷管起爆网路。

（2）预裂爆破起爆网路宜用导爆索连接，组成同时起爆或多组接力分段起爆网路。当环境不允许设孔外导爆索网路时，可将相应设计段别的雷管直接绑于孔内药串上进行起爆。

（3）切割导爆索时应使用锋利刀具，不应用剪刀剪断导爆索；使用导爆索时应采用锐利的刀子在木板上切除涂有沥青防潮剂的索头，然后按需要切成索段。

（4）起爆导爆索的雷管与导爆索捆扎端端头的距离应不小于 15 cm，使用雷管正向起爆，雷管的聚能穴应朝向导爆索的传爆方向。所用的雷管应牢固地和导爆索捆扎在一起。

（5）导爆索的连接方法有搭接、扭接、束结、水手结等，其中搭接应用得最多。两根导爆索的搭接长度不应小于 15 cm，中间不得夹有异物或炸药，捆扎应牢固。当采用束结或水手结将两段导爆索连接时，接头应拉紧，注意不要拉断药芯。当导爆索的接头较多时，为防止弄错传爆方向，可以采用三角形接法（图 6-12 和图 6-13）。

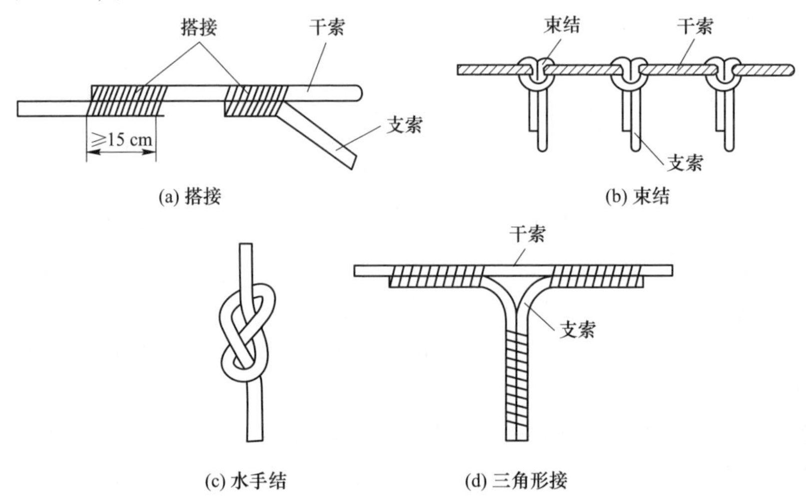

图 6-12　导爆索连接方法

(6) 导爆索网路的主干索、支干索和起爆索相互顺传爆方向的夹角应小于90°，即支线与主线传爆方向的夹角应小于90°（图6-14）。

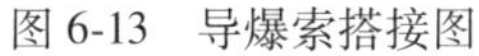

图6-13 导爆索搭接图

图6-14 地表导爆索起爆网路

(7) 连接导爆索中间不应出现打结或打圈；交叉敷设时，应在两根交叉导爆索之间设置厚度不小于10 cm的木质垫块或土袋。

(8) 起爆较大的药包时，应将导爆索头插入药包内，并在药包周围缠绕3~4圈，然后扎紧，以保证完全起爆。

(9) 布置在同一控制面上的预裂孔，应采用导爆索网路同时起爆。预裂爆破孔应超前相邻主爆破孔或缓冲爆破孔起爆，且时差应不小于75 ms。

(10) 实验证明，当预裂孔数较多时，有利于预裂成缝和壁面整齐；但此时预裂爆破的夹制作用大，爆破振动强度也大。当预裂爆破规模较大，且起爆药量超过安全允许药量时，应采用分段起爆，各段之间采用毫秒雷管引爆，且延时应小于50 ms（图6-15）。每一段的孔数应满足爆破振动要求，且不应少于3孔。

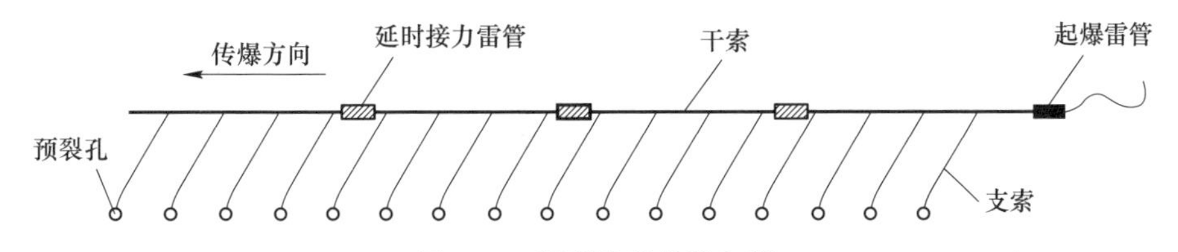

图6-15 预裂孔的分段起爆

(11) 井下预裂孔宜采用瞬发雷管起爆，当需要控制爆破振动时，同时起爆炮孔数量应不少于5发。

6.3.7 安全警戒

预裂爆破安全警戒包括作业安全警戒和爆破安全警戒。作业安全警戒是指爆破器材临时存放、药包制作、装药、填塞、联网等环节的安全警戒；爆破安全警戒是指起爆和爆后检查环节的安全警戒。为保证预裂爆破作业安全，应加强安全警戒工作，并注意以下几项内容：

（1）应根据爆区位置、周围环境等进行爆破安全警戒设计，确定警戒范围、警戒点数量与位置、起爆站位置等。

（2）起爆站宜设在爆破危险区外；爆破安全警戒范围应根据爆破有害效应安全验算距离确定，并满足《爆破安全规程》（GB 6722—2014）规定的爆破最小安全警戒范围。

（3）预裂爆破单独实施时，警戒范围按照设计确定，并不小于 200 m；当与主体爆破同时进行时，警戒距离按照主体爆破的设计要求确定。

（4）爆破前，按照爆破设计确定的危险区边界设置警示旗、警示牌等明显的标志，并安排岗哨警戒人员（图 6-16 和图 6-17）。

图 6-16　爆破警戒旗

图 6-17　爆破安全警示牌

（5）应对爆破安全警戒人员进行岗前培训，明确警戒职责、熟悉警戒信号、坚守警戒岗位；所有警戒人员都要认真履行岗位职责。

（6）爆破警戒信号分为预警信号、起爆信号和解除信号三种。各类信号均应使爆破警戒区域及附近人员能够清楚地听到或看到。预警信号发出后，应在爆破警戒范围内开始清场工作；起爆信号发出后，现场指挥应再次确认达到安全起爆条件，然后下令起爆；在解除信号之前，岗哨不得撤离，不允许非检查人员进入爆破警戒范围。

6.3.8 安全防护

应根据预裂爆破工程特点、周边环境以及施工条件等，制定切实有效的爆破安全防护措施，确保满足预裂爆破安全要求。爆破安全防护主要针对爆破振动、爆破个别飞散物、爆破空气冲击波、爆破噪声、爆破有害气体与粉尘等有害效应。

（1）爆破振动控制的相关措施包括控制最大单段药量和一次起爆总药量、设置缓冲孔、主爆孔采取逐孔起爆技术、优化合理延时间隔等。

（2）爆破个别飞散物控制，宜采取保证炮孔填塞长度和填塞质量、加强覆盖防护、对重要设施设置直接防护等措施。

（3）爆破空气冲击波与噪声控制，宜采取提高炮孔堵塞质量、避免裸露爆破、加强地表起爆器材的覆盖防护、控制爆破规模以及设置适宜的阻波墙等措施。

（4）爆破有害气体与粉尘控制，宜采取湿式钻孔、钻孔捕尘、水封爆破、喷雾洒水、优选合适的爆破器材、加强个人劳动防护等措施。

（5）加强爆破振动等有害效应的现场监测工作，及时调整爆破参数和采取防护措施等。

此外，凡须经公安机关审批的预裂爆破工程，爆破作业单位应按照《爆破作业项目管理要求》（GA 991—2012）的规定，在施工前三天发布施工公告、在爆破前一天发布爆破公告，并在作业地点进行公告张贴，对相关爆破信息对外进行告知；根据需要采取道路交通临时交通管制等措施，做好相关人员的警戒疏散与安全防护工作。

当预裂爆破工程周边环境复杂，可能危及供水、排水、供电、供气、通信等线路以及运输交通隧道、输油管线等重要设施时，应事先做好相应的应急措施，及时向有关主管部门报告，做好协调工作，并在爆破时通知有关单位到场。

6.3.9 爆后检查

爆后检查是预裂爆破效果评价的基础，是后续生产作业安全的前提。其主要注意事项如下：

（1）预裂爆破的爆后检查工作应由安全员、爆破员共同实施；对于复杂环境的爆破工程，应由现场技术负责人、起爆组长和有经验的爆破员、安全员组成检查小组实施。

（2）露天预裂爆破，爆后应超过 5 min 方准许检查人员进入爆破作业地点；如不能确认有无盲炮，应经 15 min 后才能进入爆区检查。经检查确认爆破点安全后，经当班爆破班长同意，方准许作业人员进入爆区。

（3）地下工程预裂爆破后，经通风除尘排烟确认井下空气合格、等待时间超过 15 min 后，方准许检查人员进入爆破作业地点。

（4）预裂爆破后应检查的内容主要有：确认有无盲炮；露天爆破爆堆是否稳定，有无危坡、危石、危墙、危房及未炸倒建（构）筑物；地下爆破有无瓦斯及地下水突出，有无冒顶、危岩，支撑是否破坏，有害气体是否排除；在爆破警戒区内公用设施及重点保护建（构）筑物的安全情况。

（5）检查人员发现盲炮或怀疑盲炮，应向爆破负责人报告后组织进一步检查和处理；发现其他不安全因素应及时排查处理；在上述情况下，不得发出解除警戒信号，经现场指挥同意，方可缩小警戒范围。

（6）应根据《爆破安全规程》（GB 6722—2014）制定盲炮处理的安全技术措施。处理盲炮前，应由爆破技术负责人制定、确定盲炮处理方案，设置安全警戒范围，并在该区域边界设置警戒，派有经验的爆破员进行盲炮处理；处理盲炮时，无关人员不许进入警戒区。

（7）发现残余爆破器材时，应收集上缴，集中销毁；发现爆破作业对周边建（构）筑物、公用设施造成安全威胁时，应及时组织抢险、治理，排除安全隐患；对于影响范围不大的险情，可以进行局部封锁处理，解除爆破警戒。

（8）盲炮处理后，应由处理者填写登记卡片或提交报告，说明产生盲炮的原因、处理的方法、效果和预防措施。

6.3.10 应急预案

预裂爆破应严格贯彻落实“安全第一、预防为主、综合治理”的方针，制定专项应急救援预案，主要包括爆炸事故专项应急预案、爆破炮烟中毒专项应急预案和机械伤害专项应急预案等。对于附属于相应爆破工程的预裂爆破施工，其应急预案应附属于主爆区。专项应急预案的主要注意事项如下：

（1）根据预裂爆破特点和周边环境情况，针对可能发生的炸药爆炸、炮烟中毒、穿孔作业机械伤害等事故风险和事故危害程度进行深入分析，提出具体的、有针对性的安全防范措施，制定相应的应急处置措施，明确处置原则和具体要求。

（2）成立专项应急救援指挥部，明确总指挥、副总指挥以及各成员单位或人员的具体职责；根据需要设置相应的应急救援工作小组，明确各小组的工作任务及主要负责人职责；与应急救援机构人员建立通信联络方式。

（3）明确预裂爆破涉及的事故报告程序和内容、报告方式和责任人等；根据事故响应级别，具体描述事故报警报告、应急指挥机构启动、应急指挥、应急资源调配与保障、应急救援与处置、扩大应急等应急响应程度。

（4）根据经专家评审备案的专项应急预案，开展应急救援培训、演练等工作，提高全体作业人员和应急救援人员的应急能力及应急水平，以便在事故前期及事故发生后的行动中，达到快速、有序、高效地控制事故的目的。

6.4 矿山工程预裂爆破应用

6.4.1 正常台阶预裂爆破

6.4.1.1 凹山采场

马钢南山矿业公司凹山采场位于安徽省马鞍山市雨山区向山镇，是全国著名的八大黑色冶金露天矿山之一，也是华东地区第一大黑色冶金露天矿场。该采矿场自 1917 年开始开采，1954 年南山矿成立后成为马鞍山钢铁公司铁矿石原料的重要基地，被誉为“马钢粮仓”的功勋采场。采场边坡主要由闪长玢岩、凝灰岩、角砾岩等组成。前期采用普通爆破方法靠帮，边帮岩石破碎严重，台阶坡面角和境界线都达不到设计要求，且超挖、欠挖现象严重。

20 世纪 70 年代，马鞍山矿山研究院与马钢南山矿首次在冶金矿山开展边坡靠帮预裂控制爆破技术研究，提出了预裂爆破参数（不耦合系数 K、线装药密度 q_L、预裂孔间距 a）经验计算公式：

$$K = 1 + 18.32[\sigma]^{-0.26}$$

$$q_L = 78.5d^2 \cdot K^{-2} \cdot \rho \quad (\mathrm{g/m})$$

$$a = 19.4d \cdot (K - 1)^{-0.523} \quad (\mathrm{cm})$$

式中 $[\sigma]$——岩石的极限抗拉强度，kg/cm^2；

d——钻孔直径，cm；

ρ——炸药密度，g/cm^3。

通过大量现场试验，确定了预裂爆破关键技术参数（表 6-18 和图 6-18）。通过采用预裂爆破前后振动加速度值的对比，发现预裂控制爆破技术的减振效果达到了 60%~70%；通过采用预裂爆破前后爆破破坏范围和爆后地面可见裂隙的对比，发现爆破破坏范围减少 62%（图 6-19 和图 6-20）。采用预裂爆破形成的台阶坡面不平整度小于 15~20 cm，坚硬岩石的半壁孔率大于 80%、软岩的半壁孔率大于 50%，减轻了对边坡保留岩体的破坏，提高了边坡稳定性，保证了陡帮开采铁路运输系统的安全；同时，靠界边坡一次成帮缩短了新水平的准备时间，加快了采场延深进度，为矿山安全高效强化开采创造了有利条件；《露天矿光面预裂控制爆破一次形成固定边坡》获得了 1978 年全国科学大会奖状。

表 6-18　凹山采场预裂爆破参数

爆破时间	1976 年 6 月	1976 年 8 月	1976 年 9 月	1976 年 10 月	1976 年 11 月
试验地点	73 m 南帮	45 m 沟	45 m 沟	45 m 沟	45 m 沟
孔距/m	1.5	1.5~1.8	1.5~1.8	1.3~1.5	1.3~1.5
炸药种类	铵油	2 号岩石	铵油	铵油	铵油
药包直径/mm	$\phi35$	$2\times\phi32$	$\phi45$	$\phi35$	$\phi35$
线装药密度/kg · m^{-1}	1.20	1.5	1.7	1.2	1.2
平均线装药量/kg · m^{-1}	1.0	1.3	1.3	1.0	1.0
堵塞长度/m	2.0	2.0	3~4	2.5	2.0

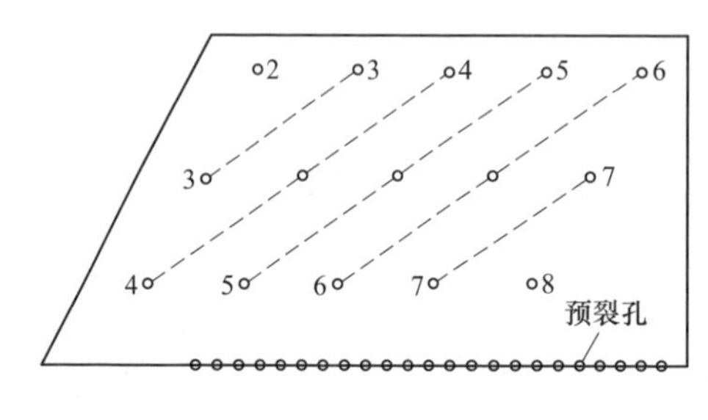

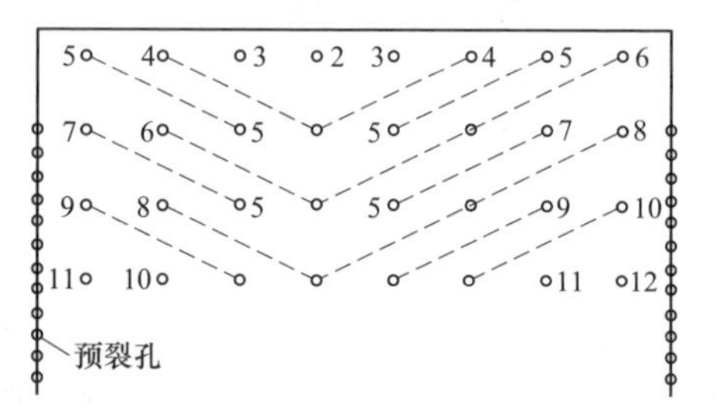

图 6-18　典型预裂爆破布孔图

图 6-19　马钢凹山采场预裂爆破效果

图 6-20　马钢凹山采场全景图

6.4.1.2 水厂铁矿

水厂铁矿位于河北省迁安市境内，是首钢集团重要的原料基地。矿山建于1968年，设计年生产能力为1100万吨，是亚洲特大型露天铁矿山之一。

矿山台阶高度12 m和15 m；采场地质条件复杂，节理裂隙发育，炮孔含水量大，对边坡安全产生了一定影响。为提高护帮控制爆破效果，2004年，马鞍山矿山研究院和首钢矿业公司合作，开展了水厂铁矿护帮控制爆破技术的研究，并取得了成功。

采用径向不耦合的装药结构，孔底加强装药长度为1.6 m，填塞长度为1.5 m，具体爆破参数见表6-19。

表6-19 正常台阶预裂爆破参数表

台阶高度	岩石类型	孔距/m	线装药密度/kg·m^{-1}	孔口余高/m
H=15 m	混合岩	1.2~1.4	0.75	2.5~3.0
	片麻岩	1.1~1.2	0.65~0.70	2.5~3.0
H=12 m	混合岩	1.3	0.75	2.5
	片麻岩	1.1	0.70	2.5

预裂爆破技术在矿山现场应用后，预裂面较为平整（图6-21），半孔率达到80%以上，不平整度小于15~20 cm，对于维护采场边坡稳定发挥了重要作用。

图6-21 水厂铁矿西帮预裂爆破效果

6.4.1.3 马钢桃冲矿

安徽马钢桃冲矿业公司老虎垅石灰石矿位于安徽省芜湖市繁昌区，其设计生产规模为200万吨/a，台阶高度为15 m，使用潜孔钻机穿孔，采用逐孔微差起爆方案。采场靠帮后，为维护边坡安全，采取了预裂爆破控制措施。

根据采场现有穿孔设备情况，钻孔直径为115 mm。预裂孔沿设计边坡线布置，预裂孔和缓冲孔角度与坡面角一致为60°；主爆区单排布孔，炮孔倾角为75°。

预裂孔长度为 18 m，炮孔间距为 1.5 m。采用不耦合间隔装药结构，单孔装药量为 9 kg，平均线装药密度为 0.5 kg/m。其中，底部加强装药段长度为 2 m，装药量为 1.8 kg，线装药密度为 0.9 kg/m；正常装药段长度为 10 m，装药量为 6 kg，线装药密度为 0.6 kg/m；减弱装药段长度为 4 m，装药量为 1.2 kg，线装药密度为 0.3 kg/m（表 6-20，图 6-22~图 6-25）。

表 6-20　预裂爆破参数汇总表

炮孔	孔径/mm	倾角/(°)	孔长/m	孔距/m	排距/m	填塞长度/m	线装药密度/$kg \cdot m^{-1}$	单耗/$kg \cdot m^{-3}$
预裂孔	115	60	18	1.5	—	2	0.5	—
缓冲孔	115	60	18.5	3.5	2	5	—	—
主爆孔	115	75	17	4.5	4	5	—	0.4

图 6-22　乳化炸药卷现场绑扎

图 6-23　炸药卷绑扎效果

图 6-24 预裂炮孔装药过程图

现场爆破后，取得了显著的预裂爆破效果，较好地维护了采场边坡的安全稳定（图 6-26）。现场调查发现，边坡预裂面总体上十分平整，半孔率达 90%以上，仅在局部破碎段存在半壁孔不完整现象。

图 6-25　预裂孔装药后效果

图 6-26　边坡预裂爆破效果

6.4.2　并段台阶预裂爆破

包钢钢联巴润矿业分公司位于我国内蒙古自治区白云鄂博矿区，年生产矿石 1000 万吨，年剥离岩石约 1.2 亿吨，属于我国超大规模露天开采矿山。矿山台阶高度为 12 m，主爆区采用现场混装炸药爆破，靠帮边坡采用预裂爆破。

采场较大范围的靠界区域需要两个台阶并段，并段后台阶高度达 24 m，由于常规单台阶预裂爆破方法难以满足采场边坡控制要求，因此在中钢集团马鞍山矿山研究院的技术支持下，实施了双台阶并段预裂爆破（图 6-27）。

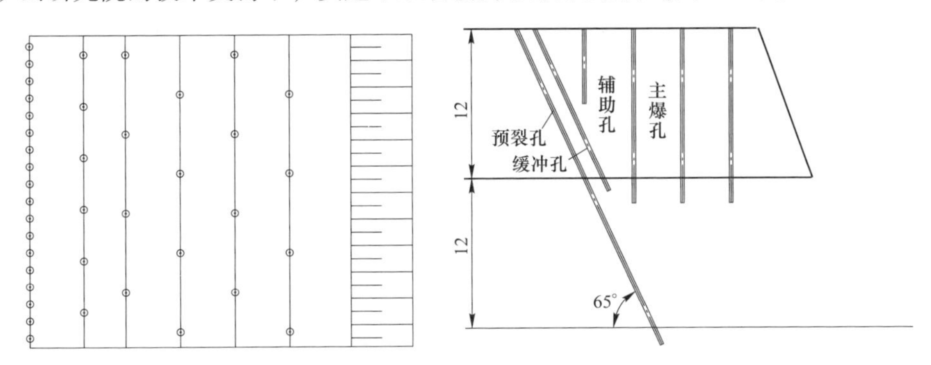

图 6-27　并段台阶预裂爆破炮孔布置图

预裂孔直径 $D=120$ mm，采用 KL 型乳化震源药柱作为起爆炸药，药包直径为 45 mm、长度为 50 cm、质量为 600 g。采用空气间隔轴向不耦合装药结构；使用胶带将预裂药柱间隔地绑在导爆索上，在孔外加工好后，人工把加工好的药柱缓缓送入孔内。为克服孔底较大的夹制作用，底部为装药加强段；为保证爆破后形成的预裂缝能顺利地延伸到底部，随着炮孔深度的不同。孔底药量增加也不同（图 6-28~图 6-32）典型并段台阶预裂爆破参数见表 6-21。

图 6-28　预裂孔钻孔

图 6-29　钻孔完成效果

图 6-30　起爆药柱绑扎

图 6-31　震源药柱装药

图 6-32　起爆网路连接

表 6-21　典型并段段预裂爆破参数表（$H=24$ m）

类型	倾角/(°)	炮孔长度/m	孔距/m	排距/m	填塞长度/m	线装药密度/kg·m^{-1}	装药量/kg
板岩	65	27	1.2	2	3	0.45	10.8
	60	28	1.2	2	3	0.46	11.4
	56	29.5	1.2	2	3	0.45	12
白云岩	65	27	1.3	1.5	2.5	0.55	13.8
	60	28	1.3	1.5	2.5	0.56	14.4
	56	29.5	1.3	1.5	2.5	0.56	15

该技术在矿山得到了大范围的推广应用，取得了显著的经济效益。现场应用表明，台阶并段预裂爆破效果明显（图 6-33），在预留边坡上形成了清晰的半壁孔，半壁孔率达 90%以上，边坡不平整度在 15 cm 以内。

图 6-33　包钢巴润矿预裂爆破效果

6.4.3 碎软岩预裂爆破

包钢钢联巴润矿业分公司采场靠界区域为板岩和云母岩，硬度系数 $f=3\sim5$；岩石层理发育，力学性质较差，为典型破碎性软岩，边坡稳定性差，已出现多处规模型滑坡。

针对矿山碎软岩体实施了预裂爆破的控制方案，预裂孔径为 120 mm，采用 ϕ45 mm 的震源药柱作为起爆炸药。按照设计装药结构要求，将震源药柱间隔地绑扎在两根导爆索上，然后缓慢放入预裂孔内。

通过大量试验研究，确定了最佳的爆破参数，取得了显著的边坡控制效果（图 6-34 和图 6-35）。现场爆破半壁孔率在 75%以上，不平整度整体在 20 cm 以内，较好地维护了采场碎软岩体边坡的安全。

此外，在部分台阶并段区域实施了导向孔预裂爆破技术，有效地提升了相邻预裂孔的间距，取得了较好的边坡控制效果，半壁孔率在 72%以上，边坡成形质量较好。

图 6-34 地表预裂缝效果

6.4.4 水介质预裂爆破

首钢水厂铁矿于 2004 年分别在西帮和东帮开展了两种台阶高度的水介质预裂爆破。对于高含水炮孔，采用径向不耦合装药结构，孔底加强装药长度为 1.5 m，填塞长度为 1.3~1.5 m；先将 ϕ32 mm 的药卷绑扎在导爆索上，再与竹片固定，然后缓慢地放入炮孔中（表 6-22）。

图 6-35　碎软岩预裂爆破效果

表 6-22　水介质预裂爆破参数表

台阶高度	岩石类型	孔距/m	线装药密度 /kg · m^{-1}	孔口余高 /m	填塞 /m
$H=15$ m	混合岩	0.8~1.0	0.7~0.8	2.5	1.3~1.5
	片麻岩	0.9~1.0	0.8~0.9	2.5	1.3~1.5
$H=12$ m	混合岩	0.8~1.0	0.7~0.8	2.5	1.3
	片麻岩	0.9~1.0	0.8~0.9	2.5	1.3

现场应用表明，采场西帮半孔率在 70%以上，东帮半孔率在 60%以上，不平整度整体上控制在 20 cm 以内（图 6-36 和图 6-37）。

图 6-36　西帮预裂爆破效果

图 6-37 东帮预裂爆破效果

6.4.5 大孔距预裂爆破

马钢南山矿业公司凹山采场，为减少爆破振动对边坡和采场内外建筑物的影响，维护采场边坡的安全稳定，2001~2002 年，马鞍山矿山研究院和南山矿合作进行了大孔距预裂爆破试验，预裂孔距分别为 2.2 m 和 2.5 m，将正常预裂爆破孔距扩大了 46%~67%；预裂钻孔倾角与台阶坡面角一致，皆为 60°，并增加辅助孔（半孔）以爆破预裂孔和缓冲孔之间的岩石。由于预裂钻机每根钻杆的长度为 9 m，两根钻杆的有效穿孔长度为 17.5 m，因而未考虑预裂孔的超深。现场使用粉状铵油炸药，爆速为3300 m/s，装药密度为 0.9 g/cm³。现场爆破后，电铲挖出的边帮整齐，预裂缝宽度在 1~2 cm，半孔率达 50%~80%，获得了良好的预裂爆破效果（图 6-38）。

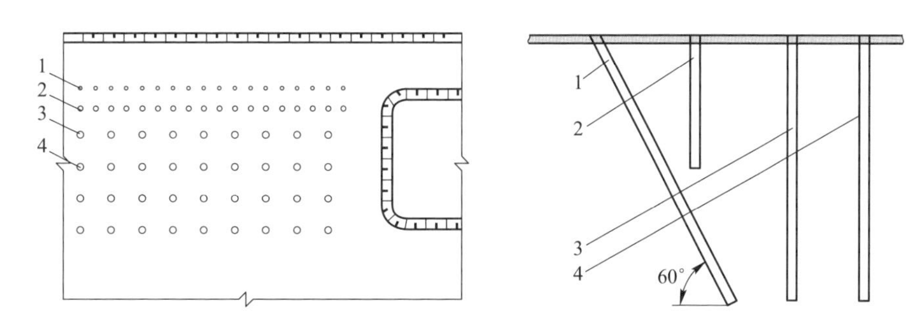

图 6-38 凹山采场典型大孔距预裂爆破布孔结构图

1—预裂孔；2—辅助孔；3—缓冲孔；4—主爆孔

6.4.6 大孔径垂直孔预裂爆破

大直径垂直预裂孔爆破是大型露天矿一种重要的护帮控制爆破技术，主要用于金属矿山的边坡控制爆破。大孔径是指炮孔直径 D = 200 mm，250 mm，310 mm 的炮孔。

首钢水厂铁矿和南芬露天铁矿分别采用生产用钻机 45R 牙轮钻机、YZ-55A 牙轮钻机进行预裂爆破钻孔，孔径分别为 ϕ250 mm、ϕ310 mm，生产用钻机与预裂爆破钻机相同，实现了钻机的单一化。预裂爆破使用岩石乳化炸药卷，采用连续柱状间隔不耦合装药结构。

在主炮孔和预裂孔之间一般布设一排缓冲孔。缓冲孔的孔间距是正常主爆孔的 1/3~1/2，缓冲孔与预裂孔之间的孔底距为 1.5~2.5 m，缓冲孔与主爆孔的排间距是正常主爆孔的 1/2~2/3，缓冲孔装药量是正常主爆孔的 35%~40%，一般采用中间分段间隔装药。

预裂孔一般超前于正常主爆区引爆，同次爆破的预裂孔既可以同时起爆，也可以分段起爆，条件允许时最好采用同时起爆。当预裂孔与缓冲孔、主爆孔在同一个爆区网路时，预裂孔一般采用分段起爆，起爆时间超前缓冲孔、主爆孔 100~300 ms。

爆破孔网参数见表 6-23，药卷规格和线装药密度见表 6-24。

表 6-23　垂直预裂孔爆破的孔网参数

单位	孔径 d/mm	孔距 /m	预裂孔至缓冲孔距离/m	缓冲孔孔距/m	缓冲孔排距/m	缓冲孔至主爆孔距离/m	预裂孔不耦合系数	线装药密度 /kg · m^{-1}	岩石种类
水厂铁矿	250	(8~12)d	2.5~3.0	4.5~6.0	4.5~5.5	5.0~6.5	3.0~4.0	—	混合花岗岩
南芬露天矿	200	2.0~2.4	1.5~2.5	正常孔的 1/3~1/2	—	正常孔的 1/2~2/3	3.0~4.5	2.5~3.0，孔底 1~1.5 m 为 5~9	混合岩
	250	2.5~3.0	1.5~2.5				3.0~4.0	5~6，孔底 1~1.5 m 为 10~18	混合岩
	310	3.0~4.0	2.5~3.0				3.0~4.0	7~8，孔底 1~1.5 m 为 14~25	混合花岗岩

表 6-24　水厂铁矿和南芬露天矿的药卷规格和线装药密度

矿山名称	孔径/mm	炸药类型及炸药密度	药卷规格	线装药密度 ρ_0
水厂铁矿	310	2 号岩石粉状乳化油炸药 ρ=1.2~1.3 g/cm^3	ϕ95 mm×500 mm 4 kg/卷	ρ_0=8 kg/m 底部 1 m 内增加炸药量到 12 kg
	250		ϕ80 mm×500 mm 3 kg/卷	ρ_0=6 kg/m 底部 1.5 m 内增加炸药量到 15 kg

续表 6-24

矿山名称	孔径/mm	炸药类型及炸药密度	药卷规格	线装药密度 ρ_0
南芬露天矿	310	2 号岩石粉状乳化油炸药 ρ=1.2~1.3 g/cm^3	ϕ90 mm×500 mm 4 kg/卷	ρ_0=7~8 kg/m 底部 1~1.5 m 增加到 14~25 kg
	250		ϕ80 mm×500 mm 3 kg/卷	ρ_0=5~6 kg/m 底部 1~1.5 m 增加到 10~18 kg
	200		ϕ56 mm×50 mm 1.5 kg/卷	ρ_0=2.5~3 kg/m 底部 1~1.5 m 增加到 5~9 kg

“七五”国家科技攻关期间，水厂铁矿开展的大孔径垂直孔预裂爆破试验表明，采用 45-R 牙轮钻时的预裂孔间距大，穿孔量减少。对 45-R 牙轮钻机和 YQ-150 潜孔钻穿凿预裂孔进行了技术经济比较，以每单位预裂爆破线长度计算，45-R 牙轮钻机总费用比 YQ-150 钻机要低 34%；同时，考虑到 45-R 牙轮钻机投资成本高，根据投资年成本计，采用 45-R 牙轮钻时的单位预裂线长度的预裂爆破总费用，仍比采用 YQ-150 潜孔钻时低 32%。由此可见，在矿山穿孔能力有余的条件下，采用生产用钻机（45-R）进行预裂爆破在经济上是合理的。

南芬露天矿现场试验表明，采用大孔径垂直孔预裂爆破是可行的。在岩石完整性一般条件下，8 个爆区的 510 个预裂孔全部出现了半壁孔，平均半壁孔率约为 70%，最长的半壁孔约为 7 m，连续性较好。需要注意的是，缓冲孔与预裂孔排间距、预裂孔超深、线装药密度等都是非常重要且不可忽视的参数，特别是缓冲孔与预裂孔排间距，若此参数偏小，就会破坏半壁孔，若此参数偏大，就会在预裂孔根部产生根底。

6.4.7 聚能管预裂爆破

安徽马钢白象山铁矿位于安徽省马鞍山市当涂县城南偏东 10 km 处，矿山属高温气液交代层控矿床，即“玢岩铁矿”中闪长岩体与周围沉积岩接触带中的铁矿床。矿区内断裂构造较为发育，矿岩相对破碎，加之钻孔爆破参数不合理等原因，一步骤下向孔回采采场轮廓成形效果差、超欠挖严重，使得二步骤回采时无法准确掌握采场进路的边界。为提高一步骤回采边界控制效果，在-430 m 中段 865 号、869 号、625 号等采场开展了聚能管预裂爆破试验。

现场试验预裂孔直径为 80 mm，孔距在 0.9~1.1 m；将 ϕ32 mm 的乳化炸药卷先绑扎在导爆索上，然后固定于聚能管内，形成不耦合间隔装药结构，孔底加强段装药长度在 1.2~1.5 m，线装药密度为 0.45~0.50 kg/m。采用导爆索网路起爆，预裂孔超前主爆孔 110 ms 起爆（图 6-39~图 6-41）。

经多次现场试验，取得了预期的采场边界控制效果，预留半壁孔清晰可见（图 6-42），超欠挖量可以控制在 15 cm 以内，矿石相对完整区域在 5 cm 以内。

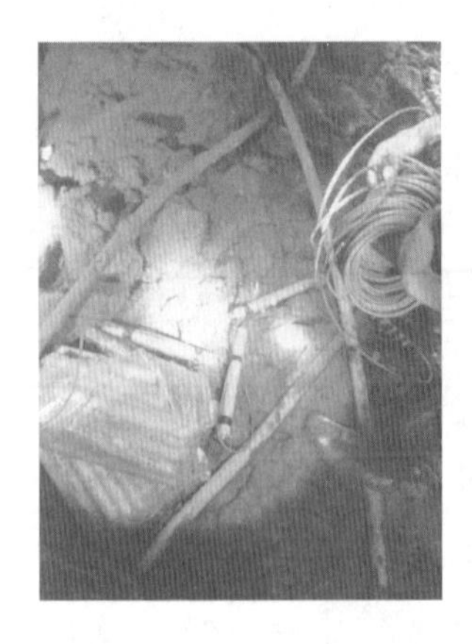

图 6-39　炸药绑扎固定

图 6-40　聚能管安装

图 6-41　数码雷管起爆网路连接

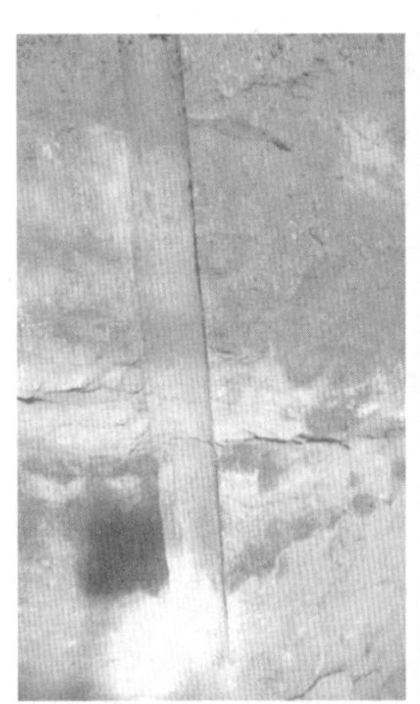

图 6-42　预裂爆破半壁孔效果

6.5　水利水电工程预裂爆破应用

6.5.1　葛洲坝水利枢纽工程

葛洲坝水利枢纽工程位于湖北省宜昌市，是三峡水利枢纽工程完工前我国最大的一座水电工程；主要由电站、船闸、泄水闸、冲沙闸等组成；大坝全长 2595 m，坝顶高 70 m，宽 30 m，总库容量为 15.8 亿立方米；电站装机 21 台，年均发电量为 141 亿度。该工程于 1970 年 12 月 30 日破土动工，1988 年建设完成。

20 世纪 70 年代，在葛洲坝水利枢纽工程在砂岩和砾岩中进行了大规模预裂爆破试验，取得了良好的预裂壁面，这是我国爆破史上首次大规模地运用预裂爆破技术。葛洲坝的成功经验为预裂爆破技术在水利水电行业的全面推广应用奠定了坚实基础。

葛洲坝水利枢纽第一期工程建筑物基础为砂岩、黏土质粉砂岩和黏土岩，呈互层出现，倾角较缓，岩性软弱并夹有软弱夹层；建筑物基础形状复杂，齿槽、深坑和要求承受抗力的部位多，对基础边坡质量及保留区岩体完整性要求较高。

通过预裂爆破试验确定了适宜的爆破参数，随后进行了推广应用，并取得了良好的爆破效果。主要爆破参数见表 6-25。

现场预裂爆破应用表明，电厂安装间左侧壁，砂岩上保持较好的半壁孔，黏土质粉砂岩及软弱夹层处壁面比较整齐；2 号船闸左侧壁，爆后壁面留下完整的半壁孔，爆破裂隙很少，软弱夹层处存在轻微损坏；2 号船闸右侧壁，大部分留下完整的半壁孔，壁面整齐平顺，爆破裂隙很少。

表 6-25　预裂爆破参数表

编号	预裂部位	钻孔参数			炸药	装药参数				堵塞长度/m
		孔径/mm	孔距/m	孔深/m		每孔装药量/g	孔底增加药量/g	孔口药量/g	线装药密度/g·m^{-1}	
1	电厂安装间左侧壁	91	100	26	40%耐冻胶质炸药，ϕ35 mm	500	600	100	200	1.5
2	2 号船闸左侧壁	170	130	7.8		1950	400	100	220	0.8
3	2 号船闸右侧壁	65	80	16	2 号岩石硝铵炸药，ϕ32 mm	3650	650	75	200	1.0

6.5.2　三峡水利枢纽工程

6.5.2.1　左岸大坝与电站厂房开挖爆破

三峡水电站，即长江三峡水利枢纽工程，又称三峡工程，是世界上规模最大的水电站，也是中国有史以来建设最大型的工程项目。三峡水电站大坝高程为 185 m，蓄水高程为 175 m，水库长 2335 m；1992 年获得中国全国人民代表大会批准建设，1994 年正式动工兴建，2003 年 6 月 1 日下午开始蓄水发电，于 2009 年全部完工。

三峡水利枢纽左岸大坝与电站厂房第二阶段开挖工程主要包括 12~18 号坝段、左厂 1~10 号坝段、左岸电站厂房 1~14 号机组及尾水渠等。开挖工程量约 710 万立方米，开挖面积约 35 万平方米。开挖岩体主要为元古代闪云斜长花岗岩，岩体以块状胶结结构为主。建基面岩体为微新岩，岩石级别为Ⅻ级，开挖范围断层及裂隙均较发育，断层以北北东为主，倾向北西，一般倾角大于 55°，断层带大多充填碎裂岩，呈半坚硬半疏松岩体。裂隙以缓倾角裂隙较为发育，充填物多为绿帘石及铁钙质，裂隙面平直稍粗糙；个别裂面平直光滑，延伸较长。

1995 年 8 月至 1998 年 10 月，该工程采用自上而下分层梯段爆破方法进行施工，梯段高度为 7~10 m，开挖中预留的基础垂直保护层在 2.5~3.0 m。其中，边坡开挖采用预裂控制爆破，保护层开挖采用水平预裂一次性爆破的施工方法。

对于风化岩石边坡开挖区，采用斜坡面预裂爆破方式；选用 CM-351 高风压钻机，钻头直径 D=105 mm；炸药采用乳化炸药；使用非电起爆网络；预裂爆破的单响药量控制在 50 kg 以内。边坡预裂爆破参数详见表 6-26，梯段爆破参数详见表 6-27。

表 6-26 边坡预裂爆破参数表

孔径/mm	孔距/m	孔深/m	钻孔角度/(°)	药卷直径/mm	不耦合系数	线装药密度/g · m^{-1}	底部加强装药密度/g · m^{-1}	堵塞长度/m	单孔药量/kg	单响药量/kg
105	1.0	14	63	32	3.4	500	1000	1.8	6.1	50
105	1.0	15	63	32	3.4	450	1000	1.8	6.1	50

表 6-27 梯段爆破参数表

孔径/mm	孔距/m	排距/m	孔深/m	炸药直径/mm	堵塞长度/m	单孔药量/kg	单响药量/kg	单耗/kg · m^{-3}
105	3.5	2.5	10	80	3	48	192	0.77

保护层开挖水平预裂爆破参数见表 6-28。

表 6-28 水平预裂爆破参数表

孔径/mm	孔距/m	孔深/m	钻孔角度/(°)	药卷直径/mm	不耦合系数	线装药密度/g · m^{-1}	堵塞长度/m	单孔药量/kg	单响药量/kg
42	0.5	3.0	0	25	1.68	200	0.5	0.6	3

现场采用 SYC-Ⅱ型非金属超声波测试仪及 35KC 增压式跨孔换能器进行了爆前和爆后的钻孔声波测试。测试结果表明，弹性波纵波波速变化率均小于 10%，判定预裂爆破对保留岩体未造成破坏，影响深度一般在 30~70 cm，地质构造发育部位可达 1.0 m 左右。

从建基面宏观上看，预裂孔的半壁残孔率在 95%以上，建基面的不平整度在 15 cm 以内，开挖轮廓尺寸控制良好；从基础岩体整体来看，预裂缝发挥了较好的减震作用，减震率在 40%左右，同时严格按照安全质点振动速度控制爆破规模，保证了保留岩体的完整。该工程被中国三峡开发总公司誉为样板工程。

6.5.2.2 泄洪坝段与左厂 11~14 号坝段开挖爆破

三峡工程泄洪坝段及左厂 11~14 号坝段位于长江主河床，为长江三峡水利枢纽主体建筑物之一，为一等工程、Ⅰ级建筑物。建基面高程由 -8.00 m 到 50.00 m，建基面面积为 8.8 万平方米，建基面最大边坡高差达 15 m；该工程土石方开挖总量达 416 万立方米，其中石方开挖工程量为 215 万立方米，保护层开挖工程量为 26 万立方米。

建基面基岩为前震旦系闪云斜长花岗岩，内有细粒花岗岩脉、辉绿岩脉侵入，岩体硬度和脆性较大，节理裂隙较发育。建基面以下一般为优质及良质岩体，局部存在一定的地质缺陷，主要表现为透水性较强的岩体和因受断层、裂隙和岩脉的影响而形成的岩体破碎带及缓倾角风化夹层，地质条件复杂。

由于泄洪坝段及左厂 11～14 号坝段基础开挖工程的钻爆工作量大，建基面基础轮廓复杂，且开挖质量要求高等，采用传统的保护层分层爆破开挖法无法满足建基面基础开挖的工期和质量要求。因此，1998 年该工程建基面保护层开挖采用了水平预裂爆破辅以垂直浅孔梯段爆破法相结合的施工方案，保护层厚度为 2.5~3.0 m。

结合三峡二期工程当时的钻孔机械设备的性能特点，选择 KQL-100 型快速钻和 CM351 液压钻作为水平预裂孔的主要钻孔机具，孔径分别为 100 mm 和 105 mm，钻孔间距在 0.8～1.0 m；选用 32 mm 直径的药卷，不耦合系数为 3.1～3.3。手风钻为辅助钻孔机具，钻孔直径为 45～50 mm，钻孔间距在 40～50 cm；选用 25 mm 直径的药卷，不耦合系数为 1.8～2.0。预裂爆破的线装药密度为 380～450 g/m，堵塞长度一般取 0.8～1.0 m（图 6-43）。

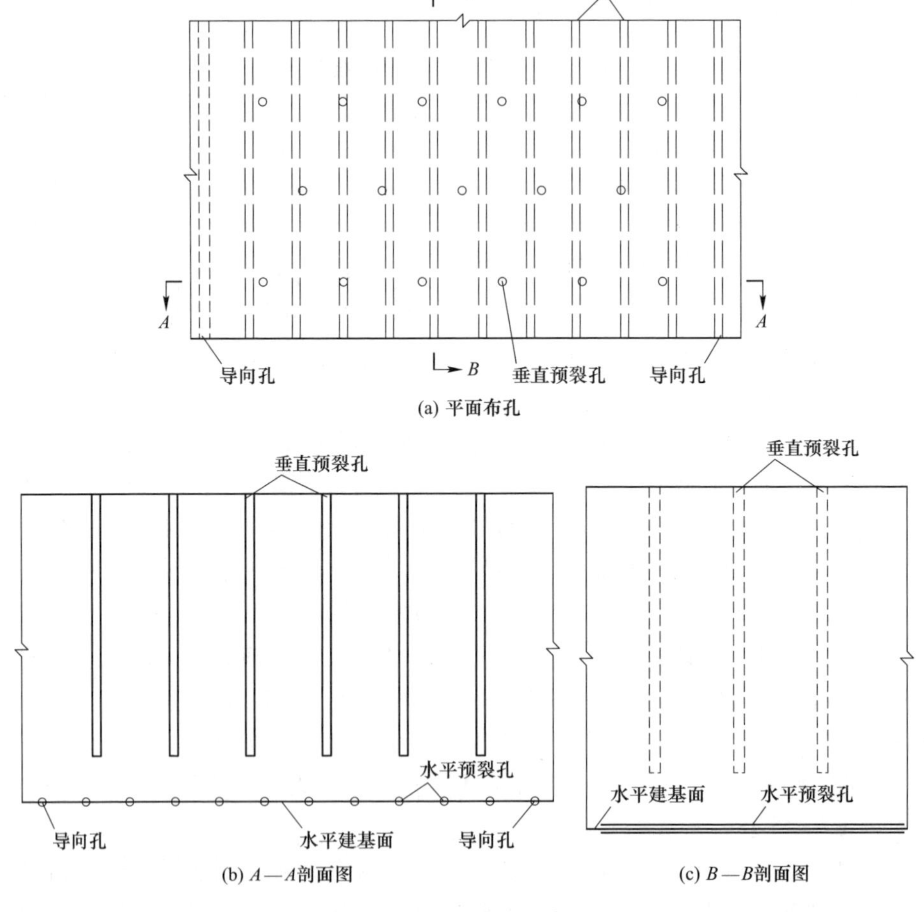

图 6-43　典型布孔示意图

基础保护层开挖使用1号岩石乳化炸药，采用导爆索或导爆管传爆、毫秒微差雷管起爆。水平预裂孔采用间隔不耦合装药，最大一段起爆药量小于50 kg（图6-44）。垂直浅孔梯段爆破孔采用连续装药和间隔装药两种装药结构，最大一段起爆药量小于100 kg（图6-45）。预裂爆破先于梯段爆破75～100 ms起爆。爆破参数见表6-29。

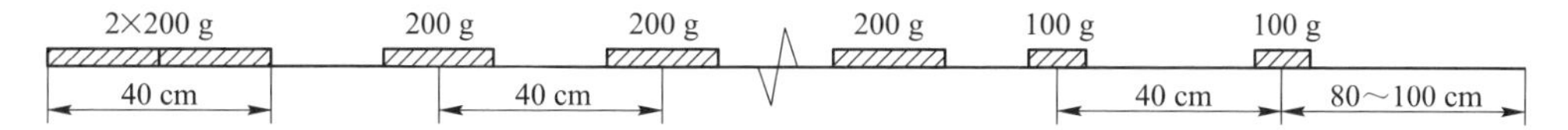

图6-44 水平预裂孔典型装药结构图

图6-45 三峡工程预裂爆破装药（1995年）

表6-29 爆破参数表

爆破类型	钻机	孔径/mm	孔距/m	排距/m	孔深/m	药卷直径/mm	单位耗药量/kg · m^{-1}	备注
水平预裂爆破	KQL-100快速钻	100	0.8～1.0	—	≤10	32	0.38～0.45	水平预裂范围超出浅孔梯段爆破范围的距离取1～2 m；浅孔梯段爆破孔底距水平基建面0.8～1.0 m
	CM351液压钻	105	0.8～1.0	—	≤10	32	0.38～0.45	
	手风钻	45～50	0.4～0.5	—	≤3	25	0.30～0.35	
浅孔梯段爆破	CM351液压钻	105	1.5～1.8	1.0～1.2	2.0～2.2	50	0.55～0.6	保护层厚度为3.0 m
	ROC848液压钻	89	1.5～1.8	1.0～1.2	2.0～2.2	50	0.55～0.6	保护层厚度为3.0 m
	手风钻	45～50	1.0～1.2	0.5～0.6	1.5～1.7	32	0.50	保护层厚度为2.5 m

经对建基面进行检查分析，发现在微新岩体中，半孔保存率一般为93%～98%，平均半孔保存率大于95%；在局部地质缺陷部位，半孔保存率均在80%以上；相邻水平炮孔间的不平整度最大为30 cm、最小为5 cm，一般控制在10～20 cm；建基面无明显的爆破裂隙，水平建基面的不平整度、开挖高程及轮廓边线均满足规定要求。

6.5.3　溪洛渡水电站

6.5.3.1　右岸拱肩槽建基面开挖爆破

溪洛渡水电站是国家“西电东送”骨干工程，位于四川省雷波县和云南省永善县接壤的金沙江峡谷段。工程以发电为主，兼有防洪、拦沙和改善上游航运条件等综合效益，并可为下游电站进行梯级补偿；电站主要供电华东、华中地区，兼顾川、滇两省用电需要，是金沙江“西电东送”距离最近的骨干电源之一，也是金沙江上最大的一座水电站。

溪洛渡电站左右岸电站各安装9台77万千瓦的巨型水轮发电机组，总装机1386万千瓦；该坝为混凝土双曲拱形，最大坝高278 m；右岸拱肩槽EL. 610～EL. 400 m边坡开挖不设马道，共计21个开挖梯段。

拱肩槽预裂孔采用YQ-100B型钻机钻孔，预裂孔单响孔数控制在4～6个，采用导爆索起爆（图6-46）。预裂孔单段药量不大于40 kg；主爆孔单段药量不大于70 kg；总装药量控制在8 t以内。

拱肩槽开挖的爆破参数见表6-30。

表6-30　爆破试验推荐的爆破参数

种类	间排距/m	装药结构
预裂孔	0.7～0.9	炮孔底部1 m采用两节药卷连续装药，上部间隔装药，线装密度为300～400 g/m，填塞长度为1.2 m
缓冲孔	2.0×(1.5～2.0)	炮孔底部1 m采用ϕ70 mm药卷连续装药，前缘采用ϕ80 mm药卷连续装药，填塞长度为2.0～3.0 m
主爆孔	(3.0～4.5)×3.0	采用ϕ70 mm药卷连续装药，填塞长度为2.0 m

现场检测表明，爆破开挖形成的建基面光滑平整，爆破效果及边坡开挖质量均达到了预期要求，半孔率99.8%，平均爆破影响深度均在1.0 m以内，整体质量达到优秀水平（图6-47和图6-48）。

6.5.3.2　左岸进水口高边坡预裂爆破

溪洛渡水电站坝址区两岸地形复杂，地势陡峭；左岸进水口前缘长度为275.5 m，开挖高程在515～685 m，最大施工边坡高约170 m，其中34 m开挖高度为直立边坡，广泛采用深孔预裂爆破技术。

图 6-46 改造过的 YQ-100B 钻机

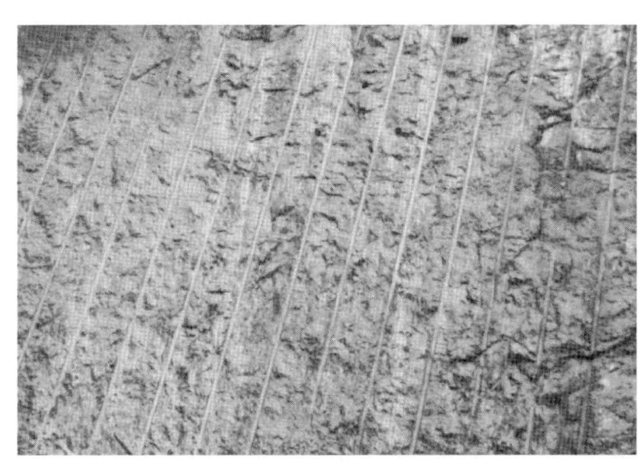

图 6-47 现场预裂爆破效果

图 6-48 1 号坝段预裂爆破效果

采用 YQ-100 潜孔钻进行凿孔，孔径为 ϕ90 mm；Ⅱ ~ Ⅲ$_1$类围岩预裂孔距在 0.8~0.9 m，Ⅲ$_2$ ~ Ⅳ$_2$类围岩预裂孔距在 0.7 ~ 0.8 m；孔深为 10 ~ 23 m，相应梯段开挖高度为 10 ~ 15 m，最大一次预裂高度为 33.57 m。

采用 ϕ32 mm 乳化炸药，使用导爆索连接后绑扎在竹片上形成间隔装药结构；线装药密度为 380~450 g/m；采用接力复式起爆方式，间隔时间为 50 ms；最大单响药量控制在 50 kg 以内。先用草袋塞填在 1 m 处，再用黄土封填密实，堵塞长度为 1 m。

通过严格控制钻孔和爆破质量，现场预裂爆破炮孔半孔率达 93%以上，取得了良好的边坡控制效果。

6.5.4　向家坝水电站

6.5.4.1　地下厂房岩壁梁开挖爆破

向家坝水电站是金沙江梯级开发中的最后一个梯级，工程枢纽建筑物主要由混凝土重力挡水坝、左岸坝后厂房、右岸地下引水发电系统及左岸河中垂直升船机等组成。发电厂房分设于右岸地下和左岸坝后，各装机 4 台，单机容量均为 750 MW，总装机容量为 6000 MW。

向家坝水电站地下厂房为超大型，开挖尺寸（长×宽×高）为 255.4 m×33.4 m×88.2 m；水平埋深为 126~371 m，铅直埋深为 105~225 m。地层岩性主要由砂岩和粉砂质泥岩等构成，存在多个这些岩性的“旋回层”，各岩性层在空间中的厚度变化大。地下厂房岩壁梁设置在厂房第三层上下游墙，全长为 255 m；岩壁梁部位处于软硬相间的缓倾角砂岩和泥岩，Ⅳ类、Ⅴ类围岩的分布占岩壁部位总开挖长度的一半。

岩壁吊车梁的岩壁位于第三层，开挖高度为 9 m。中部拉槽 $Ⅲ_1$ 区采用 D7 液压钻钻孔，周边施工预裂爆破；岩壁保护层 $Ⅲ_2$ ~ $Ⅲ_6$ 区采用气腿钻钻孔，周边光面爆破。中部先锋槽 $Ⅲ_1$ 区爆破采用预裂爆破适当超前、梯段爆破紧跟的开挖方式。

炸药采用云南陆良国营九八一五厂生产的 RJ2 号岩石高威力乳化炸药，药卷规格（直径×重量×长度）分别为 ϕ60 mm×1000 g/条×35 cm，ϕ32 mm×200 g/条×20 cm，ϕ25 mm×125 g/条×20 cm。

中部先锋槽 $Ⅲ_1$ 区和保护层 $Ⅲ_2$ ~ $Ⅲ_6$ 区边界面的预裂爆破参数如下：孔径为 ϕ76 mm，孔间距为 0.8 m，孔深 9.5 m；药卷直径为 32 mm，线装药密度在 450~500 g/m；堵塞 0.9 m。

梯段爆破参数如下：孔径为 76 mm，孔间排距为 2.38 m×2 m，孔深 9.7 m；药卷直径为 60 mm；堵塞 2 m。采用非电毫秒雷管“V”型延时起爆网路。钻孔时使炮孔倾斜呈 80°夹角，每次起爆 5 排炮孔。

厂房第三层爆破施工程序（图 6-49）为：中槽预裂→$Ⅲ_1$ 区（中槽）开挖→$Ⅲ_5$ 区岩台竖向光爆孔和辅助孔提前造孔（插 PPR 管进行保护）→$Ⅲ_2$ 区开挖→$Ⅲ_3$ 开挖→$Ⅲ_4$ 区开挖→下拐点锁角保护→$Ⅲ_5$ 区岩台开挖→下拐点直墙支护施

工→$Ⅲ_6$区开挖→第Ⅳ层施工预裂→第Ⅳ层结构预裂。

现场取得了优良的爆破效果（图 6-50）；高边墙深孔预裂半孔率分别为：Ⅱ类围岩 98.9%，Ⅲ类围岩 94.5%，Ⅳ类围岩 87.6%；不平整度在 0~8 cm，超挖 0~10 cm，由爆破和围岩卸荷造成的影响深度在 0.7~0.8 m。

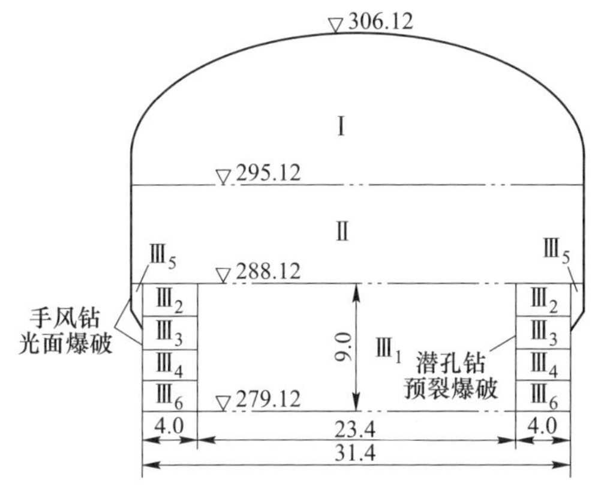

图 6-49 岩壁梁爆破分区图

图 6-50 岩壁梁爆破效果

6.5.4.2 向家坝水电站坝基开挖爆破

向家坝水电站的坝基位于糖房湾短轴背斜东倾伏段，NW 向的立煤湾膝状挠曲斜穿河床坝基。坝基直接持力层是 T_3^{2-4} ~ T_3^{2-6} 地层，其中，T_3^{2-4} 中细至中粗砂岩占 91.6%；T_3^{2-5} 是以泥质岩石和粉砂岩为主的软弱层；T_3^{2-6} 亚组砂岩占 95% 左右。

为确保预裂爆破施工质量，全部采用经改造的 QZJ-100B 快速钻配 ϕ60 mm 钻杆进行预裂孔钻孔。边坡预裂爆破孔径为 90 mm，线装药密度为 230~300 g/m；手风钻水平预裂孔径为 42 mm，线装药密度为 60~100 g/m；快速钻水平预裂孔径为 100 mm，线装药密度为 200~250 g/m；梯段爆破孔径为 102 mm，单耗药量为 0.35 kg/m^3（表 6-31 和表 6-32）。

表 6-31 左非 7 坝段开挖主要爆破参数

钻孔	孔径/mm	孔距/m	孔深/m	药卷直径/mm	不耦合系数	线装药密度/kg · m^{-1}	备注
边坡预裂孔	90	0.8	18.5	25	3.6	0.2~0.24	底部 1 m 采用双节药卷连续装药，上部间隔装药，堵塞 1.5 m
保护层辅助孔	100	1.5~3.0	3.0	70	1.42	0.2~0.3	个性化装药

续表 6-31

钻孔	孔径/mm	孔距/m	孔深/m	药卷直径/mm	不耦合系数	线装药密度/kg · m^{-1}	备注
手风钻水平预裂孔	42	0.4	3.0	25	1.68	0.08~0.10	个性化装药，以槽钢控制孔向
快速钻水平预裂孔	100	0.6	8~9	25	3.6	0.22~0.25	个性化装药
缓冲爆破孔	90	2（孔距）×1.5（排距）	7~9	70	1.28	1.5~2.0	距离预裂面 1.5 m，药量约为主爆孔的 2/3
梯段爆破孔	102	4（孔距）×3（排距）	7~9	70	1.45	—	单耗药量为 0.35 kg/m^3，堵塞 3~3.5 m

表 6-32　左非 7 坝段边坡预裂爆破半孔率及平整度统计表

孔号	半孔率/%	平整度				备注
		检测点数	最大/cm	最小/cm	平均/cm	
1~20	91	20	32	2.5	15.8	该段有 7 点变化较大
21~31	93	36	11	0.5	5.5	
32~41	89	40	10	1	4.5	
42~51	87	36	7	1	3.9	
52~61	92	40	8	1	4	
62~71	91	40	5	1	5.3	
82~91	93	36	4.5	1	3.5	
92~101	89	28	12	1	3	
102~112	87	44	11	1	5.5	
平均值	90.2	34	32	0.8	4.9	
合计（按孔间检测）	—	—	12	0.5	4.5	
合计（跨孔间检测）	—	80	0.8	3.5	8	

6.5.5　小湾水电站

6.5.5.1　*左岸拱坝坝肩槽开挖爆破*

小湾水电站位于云南省西部南涧县与凤庆县交界的澜沧江中游河段，由混凝土双曲拱坝（坝高 292 m）、坝后水垫塘及二道坝、左岸泄洪洞及右岸地下引水发电系统组成。水库库容为 149.14 亿立方米，电站装机容量为 4200 MW(6×700 MW)。

工程于2002年1月20日开工，2004年10月25日完成大江截流，2009年10月底首台机组发电，2011年4月底全部机组投产发电，2011年底完工。

小湾电站开挖边坡高达692 m，左岸坝肩槽开挖高度为245 m。开挖范围岸坡陡峻、卸荷裂隙发育，饮水沟南侧分布有较厚的崩积层，易出现边坡的滑移型崩塌和倾倒型崩塌；坝顶高程附近潜水埋深一般为40~70 m，基岩裂隙潜水在破裂结构面中做网络状运动，岩体透水性极不均匀，地质条件十分不利。本工程具有地质条件复杂、开挖高差大、开挖强度高、钻爆工程量大、爆破振动要求严、建基面开挖质量要求高、长缓坡开挖难度大等特点。

预裂孔采用YQ-100B型潜孔钻凿孔，样架导向，钻孔直径为105 mm。一般钻孔间距为0.8 m，而对于渐变坡（扭曲面）的预裂钻孔，孔底间距在0.8~1.0 m，孔口间距在0.8~0.9 m。预裂爆破线装药密度为300~400 g/m，岩石较软弱部位取小值，岩石相对坚硬部位取大值；孔底1 m范围内装药密度增加4~5倍，孔口堵塞长度以下1 m适当减小1/3药量。预裂堵塞长度一般取0.7~1.0 m。

坝基开挖深孔梯段爆破主爆孔选择液压钻或CM351钻机钻孔，孔径为89 mm或105 mm，采用梅花形或矩形布孔形式；梯段高度为10 m，即每层预裂坡面高差为10 m（表6-33）。

表6-33 爆破参数表

爆破类型	钻机	孔径/mm	孔距/m	排距/m	孔深/m	药卷直径/mm	单位耗药量	备注
预裂爆破	YQ-100B潜孔钻	105	0.8~0.9	—	14~20	32/25	线装药密度0.3~0.4 kg/m	采用预裂样架导向，控制预裂孔倾角和方位角
深孔梯段爆破	CM351高风压钻	105	3.0~3.5	3.0~3.5	≤12	90	单耗0.5~0.6 kg/m^3	梯段高度为10 m，超钻2 m
	液压钻	89	2.5~3.0	2.0~2.5	≤12	70	单耗0.5~0.6 kg/m^3	梯段高度为10 m，超钻2 m

采用1号或2号岩石乳化炸药，使用导爆索或塑料导爆管传爆、毫秒微差雷管起爆。预裂孔装药采用竹片绑扎间隔装药，将药卷按照设计密度依次绑扎在竹片上，再将其缓缓放入孔内；深孔梯段爆破及缓冲孔采用自孔底向上连续装药。采用预裂—缓冲孔—主爆孔的起爆顺序。预裂孔与缓冲孔之间的起爆时差不超过300 ms。

对建基面进行检查分析，发现坝基开挖轮廓面上炮孔半孔痕迹分布均匀，对于节理裂隙不发育的完整岩体，其半孔保存率一般为95%以上，在局部地质缺陷部位，其半孔保存率在85%以上；相邻水平炮孔间的不平整度最大为30 cm，一般控制在 20 cm 以下（图 6-51）。开挖后的测量结果显示，坡面超挖量基本控制在 40 cm 以下，基本无欠挖，除去摆放钻机所必需的超挖量外，满足超欠挖 ±20 cm 的要求。

鉴于基础岩体质量对于大坝稳定和安全的重要性，对坝基岩体爆前、爆后进行弹性波测试。结果显示，爆前、爆后声波波速最大衰减率为 7.2%，平均衰减率在 2.3%以下，取得了良好的爆破效果。

图 6-51　小湾水电站拱肩槽开挖预裂壁面

6.5.5.2　水垫塘与二道坝开挖爆破

小湾水电站水垫塘为复式梯形断面，总长度约为 450 m（包括二道坝及其后护坦长度），底板宽度为 70~90 m。该地段河床冲积层厚度一般为 15~20 m，分布的基岩为 MⅣ-1、MⅣ-2 层，岩性主要为黑云花岗片麻岩、角闪斜长片麻岩夹片岩。

水垫塘底板保护层、二道坝坝基在开挖时，采用了聚能预裂爆破技术。该技术是将聚能爆破应用于预裂爆破的新技术，利用不耦合装药结构以及聚能药卷的聚能作用，加强预裂缝的扩展和延伸，降低预裂爆破的单位面积装药量和单位面积造孔量。

双聚能槽聚能药卷是利用特制的异形管（PVC 管）装入粉状或者乳胶炸药制作而成，聚能管及聚能槽的张角通过试验确定。聚能管每节长度为 3 m，现场装药时使用连接套管接长；聚能管可以采用人工或者机器装药。粉状炸药采用锥形容器人工灌装，乳化炸药采用装药机装药。

选择 YQ-100B 型潜孔钻作为钻孔机具，预裂孔直径为 89 mm，孔距为 2 m，钻孔深度在 12~15 m。采取连续装药，线装药密度为 430~450 g/m；底部加强装药，用 4~5 支 ϕ32 mm 乳化药卷，直接绑在聚能管外侧。聚能药卷采用全孔导爆索进孔起爆；堵塞长度在 1.0~1.2 m。

爆后检查发现，对于节理不发育的新鲜完整岩石，其半孔率在 93%以上；对于节理较发育的弱风化岩石，其半孔率在 80%以上。相邻两预裂孔间的岩石不平整度均小于 15 cm，孔壁上无明显的爆破裂隙、爆前、爆后声波波速衰减在

1.16%~8.15%，发生衰减的范围在距孔口 1.4 m 以内。聚能预裂爆破技术应用后，完全满足了建基面开挖施工技术质量要求。

6.5.6 天生桥水电站

天生桥一级水电站为西电东送的重点工程，也是珠江流域西江水系上游的南盘江龙头电站，电站总装机容量为1200MW(4×300MW)。电站于1998年底首台机组发电，至2000年工程竣工。

天生桥一级水电站溢洪道工程，位于河床右岸，由进口引渠、闸室和泄槽等几部分组成，全长1764.3 m，土石方开挖量为200万立方米。溢洪道最大边坡开挖高度为120 m，分多级台阶，每级台阶高度在22.0~24.0 m。溢洪道位于右岸梗口岩溶槽谷地带，地质条件较为复杂。为了保证开挖质量，对边坡保留岩体采取了预裂爆破的保护性开挖措施，垂直边坡的保护性开挖总面积约为15万平方米。

现场采用阿特拉斯 ROC742HC 型钻机和泰姆洛克 CHA660 型钻机进行穿孔，钻孔直径 $D=90$ mm。采用直径 $d=32$ mm 的乳化炸药，不耦合系数为 2.8；线装药密度取 420 g/m，孔口减弱装药密度为 280 g/m，孔底加强装药密度为 1000 g/m；将炸药卷按照设计间隔和导爆索一起绑扎在竹片上，采用导爆索进行起爆；炮孔堵塞长度在 0.8~1.5 m。

现场采用反铲对预裂面清理后，预裂面上残留的半孔率达到80%以上，节理裂隙较发育的区域的半孔率也有40%~50%；同时，95%以上的孔壁沿孔轴线纵向无可见裂纹，壁面无明显裂缝，预裂爆破质量较好（图6-52）。

图6-52 预裂爆破效果

6.6　交通运输工程预裂爆破应用

6.6.1　焦晋高速公路硐室加预裂爆破

焦晋高速公路，即晋焦高速（河南段），是河南省“米”字形公路规划的重要组成部分，是河南省第一条由地市自筹资金修建的跨省高速公路，属省重点工程。该高速起于豫晋交界晋焦高速公路终端的晋豫大桥，经焦作市博爱、中站两县（区）的寨豁、龙洞、王封、朱村等四个乡镇，终点与焦郑高速公路相连接，全长 17.04 km。

焦晋高速公路横穿太行山脉，沿途峰峦叠嶂，悬崖峭壁，深挖高填，土石方数量巨大。在 K5+840~K6+010 长度为 170 m 段，路堑石方比较集中，开挖石方为白云质灰岩，岩石顶部风化，局部出现多层泥灰岩夹层，石方开挖量为 22.23 万立方米，边坡开挖面积为 1.04 万平方米，最大开挖宽度为 32 m，中心最大挖深为 30 m。

为了提高开挖进度，2000~2001 年，在焦晋高速公路工程中采用了高边坡分台阶条形硐室加预裂一次成型爆破技术。该技术是在路堑主体石方爆破部位采用集中或条形药包硐室爆破，路堑边坡采用预裂爆破；在硐室药包作用比较薄弱的部位，可根据具体情况适当布置深孔药包，以改善破碎质量。该爆破技术充分利用了硐室、深孔、预裂爆破的优点，一次起爆、分段延时，使路堑开挖按设计要求一次成型。

该边坡开挖高度最高达 92 m，分四个台阶，每个台阶高 20~25 m，从上到下逐层进行施工；最上一层台阶采用深孔加预裂爆破，其中顶层采用深孔加光面、深孔加预裂综合爆破技术；其余各层采用硐室加预裂爆破（表 6-34 和图 6-53）。

表 6-34　爆破参数表

爆破类型	孔径 D/mm	孔距 a/m	排距 b/m	超钻 h/m	堵塞长度/m	装药量	装药结构
预裂爆破	100	1.2	—	1.0~1.5	1.5~2.0	线装药密度 0.4~0.5 kg/m	不耦合间隔装药
光面爆破	100	1.0~1.2	1.5~2.0	1.5~2.0	1.5~2.0	线装药密度 0.2~0.25 kg/m	不耦合间隔装药
深孔爆破	100~115	3.5~4.0	3.0~3.5	1.0~2.5	3.0~3.5	单耗 0.5~0.55 kg/m^3	连续装药

采用 QZ-100 型三脚钻机进行钻孔，共钻预裂孔 594 个，钻孔总延米为 12348 m；预裂爆破采用导爆索网路，总体采用非电毫秒微差网路，预裂爆破超

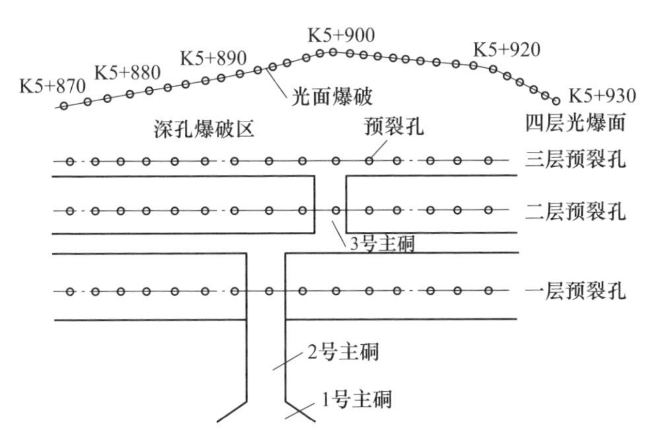

图 6-53 硐室加预裂药室布置图

前硐室 100 ms 以上。现场实施后，取得了良好的爆破效果，大块率控制在 7%以内，半孔率达93%以上，路堑边坡达到稳定、平整、光滑、美观的要求（图6-54）。

图 6-54 硐室加预裂爆破效果

6.6.2 贵新高速公路硐室加预裂爆破

贵阳至新寨高速公路属于国道主干线西南出海通道贵州境南段，起于贵阳市花溪区下坝，经龙里、贵定、马场坪等地，在黔桂交界的新寨与广西六寨至水任公路相连接，全长 260 km；于 2011 年 6 月 25 日建成通车。

贵新高速公路白岩立交联络线 K4+060～K4+240 段，周围环境较复杂；石方开挖量为 3.4 万立方米，上边坡开挖面积约为 2835 m^2；下开挖宽度为 14.0 m，中心最大深度为 9.4 m。岩石为白云质灰岩，表面岩石较完整坚硬，地表覆盖层厚 0.1～0.4 m。

为了改善爆破效果，保证边坡质量与安全，采用硐室加预裂一次成型综合爆破技术进行施工，采用深孔爆破作为辅助手段。

预裂爆破采用 QZ-100 型钻机进行钻孔，孔径 $d=100$ mm，孔深随地形变化。预裂爆破采用不耦合间隔装药，使用导爆索起爆网路，且先于深孔和硐室起爆；深孔爆破采用连续装药结构，使用毫秒微差接力网路（表 6-35）。

表 6-35　预裂爆破参数

类型	梯段高度/m	孔距/m	排距/m	超深/m	底盘抵抗线/m	堵塞/m	炸药消耗
预裂爆破	12~21	1.0~1.2	—	1.0~1.5	>15	1.5~2.0	线装药密度 350 g/m
深孔爆破	随地形变化	3.0	2.0~3.5	0.5~1.0	2.0~3.5	2.5~3.0	0.45~0.5 kg/m^3

该路堑工程采用硐室加预裂一次成型综合爆破技术，并获得圆满成功，达到了边坡和路基一次成型的目的，有效地降低了大块率（小于 5%），加快了挖运施工速度；预裂面半孔率达 96%以上，孔壁无裂纹，边坡质量满足预期控制要求（图 6-55）。

图 6-55　硐室加预裂一次成形爆破效果图

6.6.3　太长高速公路硐室加预裂爆破

太长高速公路是山西省“大”字形公路主框架的重要组成部分；它的起点为太原市，终点为长治市的夏平村，全长 210 km，按双向四车道高速公路标准建设。该公路于 2003 年 10 月开工建设，2005 年 11 月正式竣工通车。

太长高速公路 K62+830~K63+030 段为全挖路堑，石方工程量为 10.5 万立方米，中心最大挖深为 23.66 m，边坡最大开挖高度为 44.67 m。该路段为砂页岩间层，地质单元为构造剥蚀、侵蚀基岩区，地形复杂，沟壑纵横，出露岩石主要为砂岩、砂质泥岩，属次坚石，局部呈强风化。

结合工期要求和现场条件，采用硐室加预裂一次成型的爆破方案。硐室分两层布置，层距为 16 m；主层属于半挖路堑，采用条形药包平行于路堑布置，下层属于全挖路堑，药包垂直于路堑布置。药室平面布置图如图 6-56 所示。

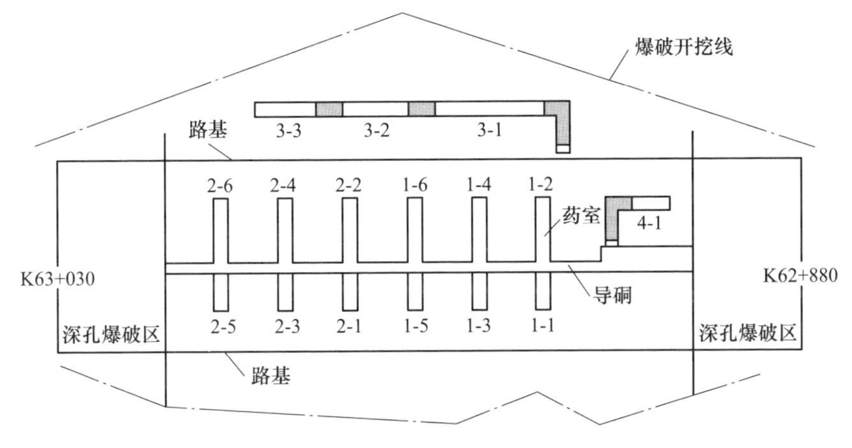

图 6-56 药室布置平面图

采用 D100 型三脚架潜孔钻机进行钻孔，预裂孔径 $d=100$ mm，孔深在 8~32 m，且随地形变化；采用不耦合间隔装药结构，堵塞长度为 1~1.5 m，基本参数见表 6-36。

表 6-36 预裂爆破参数

孔径/mm	孔距/m	孔深/m	不耦合系数	线装药密度/$g \cdot m^{-1}$				
				底部	次加强	正常	顶部	平均
100	1.2	8~32	3.1	2004	709	408	167	492

预裂孔先起爆，延时 140 ms 后，再起爆硐室药包。起爆网路采用塑料导爆管非电起爆系统，将预裂孔中的导爆索串联后连接非电雷管，硐室采用正副独立的两套起爆网路，以导爆管雷管起爆网路为主，导爆索束网路为辅。

该工程采用硐室加预裂一次成型综合爆破技术开挖路堑，取得了成功；现场爆破后，两侧预裂面平整，预裂孔附近的岩体完整无破坏，壁面上的半孔清晰可见，路堑稳定、美观，不用刷坡；主体石方破碎均匀，大块率小于 5%，底部无根坎，不用进行清底处理，达到了边坡和路基一次爆破成型的目的。

6.6.4 环胶州湾高速公路路堑预裂爆破

环胶州湾高速公路是国家交通运输部规划的国道公路主干线，是国家“八五”重点建设项目之一；东起青岛港八号码头，环绕胶州湾，途经四方、李沧、城阳、胶州、胶南等市区，止于黄岛经济开发区。该路按全封闭、全立交的一级汽车专用公路标准建设，全长 68 km，路基宽 23 m，双向四车道。该工程于 1991 年 12 月 15 日开工建设，1995 年 12 月 28 日竣工通车。

环胶州湾高速公路石方工程 K30+747.4~K31+250 段，位于青岛市城阳区河套镇山角村南侧；山角村路堑为丘陵边缘的剥蚀地貌，地形较平缓，有浅形冲沟；表层为亚黏土，下伏凝灰质砂岩和凝灰质角砾岩；其中，凝灰质岩类多产生软硬夹层，地表及裂隙水较为严重。该石方路堑拉槽控制爆破工程量为 11.5 万立方米。

考虑到周边复杂环境，使用潜孔钻机、液压凿岩台车钻孔，采取预裂爆破与深孔控制爆破技术，470 m 拉槽 203 排 3080 个炮孔采用一次爆破方案。

由于炮孔内有水，因此使用大直径乳化炸药；先装预裂孔，后装主炮孔；使用黏土或砂加黏土堵塞。采用孔外低段分段传爆接力、孔内中高段雷管分段起爆的网路；孔内使用 200 ms、310 ms，孔外使用 25 ms、50 ms、75 ms 非电毫秒雷管等进行搭配。每段预裂孔超前本区段第一排炮孔 75~125 ms 起爆。为了确保起爆网路的传爆可靠性，中间每五排设复式交叉网路。按照爆破振动允许药量，整个起爆网路共分 594 响，总延迟时间为 4.8 s（表 6-37 和表 6-38）。

表 6-37　预裂爆破孔网参数

孔径/mm	孔距/m	钻孔角度/(°)	孔深/m	超钻/m	堵塞/m	线装药密度/kg · m^{-1}
100	1.2	64	5~14	1.2~1.5	1.5~2.0	0.25~0.4

表 6-38　路堑拉槽控制爆破参数表

名称	孔数/个	延米/m	药量/kg	导爆索/m	雷管/发	
					孔内	孔外
预裂孔	809	9589.2	7281	12000	—	1618
缓冲孔	398	4952.5	7920	4000	796	796
主爆孔	1714	14566.6	54782	—	3428	6856
加强孔	159	1611.0	3816	—	298	596
合计	3080	30719.3	73800	16000	4522	9866

现场实践表明，该爆破工程取得了较为理想的爆破效果，爆区周边房屋没有产生裂纹和倒塌现象；岩石破碎效果很好，爆破块度适于铲装，且没有残留根坎。现场爆破后，两侧岩面平整，减少了超挖、欠挖，半孔保留率达到 75%以上。

7 预裂爆破质量评价

7.1 概　　述

预裂爆破质量评价是衡量爆破效果、分析边坡稳定性控制水平的重要手段，同时可以为预裂爆破参数优化和工程项目结算等提供指导依据。预裂爆破时，沿着预裂孔形成贯通良好的预裂面，是实现预裂爆破目的最基本的要求，此外，还需从半孔率、坡面不平整度等方面进行爆破质量评价。

7.2 评价内容与检测方法

7.2.1 质量评价内容

根据评价指标的重要性程度，预裂爆破质量评价内容可以分为主控项目和一般项目。其中，主控项目包括半孔率、坡面不平整度和边坡坡率；一般项目包括预裂爆破的裂缝宽度、坡面观感。

7.2.2 主控项目检测

（1）检测数量：

1）半壁孔率指标：按不同的地质区段（或同一地质区每 100 m 分成两段）分别进行全面统计计算。

2）坡面不平整度和边坡坡率指标：开挖层每 100 m 等间距检测 6 个断面，检测断面应在两个残留炮孔中间。

（2）检测方法：

1）半壁孔率检测：采用观察、米尺测量手段进行检测，量尺误差应小于 0.2 m。

2）坡面不平整度和边坡坡率检测：在确定检测断面前方架设全站仪，从坡脚开始垂直向上每隔 1 m 测量一个坡面坐标，计算出坡面平均坡率，再根据平均坡率线计算各测点的偏差，即坡面凹凸差，凹陷取正值，凸起取负值。

7.2.3 一般项目检测

7.2.3.1 预裂爆破裂缝宽度

检测数量：每 100 m 等间距设置 6 个检测点。

检测方法：尺量。

预裂爆破后，裂缝应沿预裂孔中心连线贯通，裂缝宽度以 5~20 mm 为合格。

7.2.3.2 坡面观感

检测数量：全部检查。

检测方法：建设单位组织施工单位、监理单位现场共同观察。

预裂爆破残留的半孔壁面上应没有肉眼明显可见的爆振裂缝，坡面观感应达到稳定、平整、美观的要求。

7.3 半孔率

爆破完成后，理想的情况是这些预裂钻孔都残留下一半（另外一半被炸掉），称为“半孔”。半孔率，即残留炮孔痕迹保存率，指在开挖轮廓面上保存的炮孔痕迹总长与炮孔钻孔总长的比率。

统计残留下的“半孔”所占的比例，即“半孔率”，爆破后的半孔率的多少直接反映了预裂孔周围的破坏程度，是衡量预裂爆破效果的主要指标。

如果在保护岩体上剩余炮孔的半孔率高，则说明预裂爆破对周边岩体的破坏程度小。

（1）《土方与爆破工程施工及验收规范》（GB 50201—2012）。依据岩性不同，半孔率质量规定：硬岩（Ⅰ级、Ⅱ级）$\eta \geqslant 80\%$，中硬岩（Ⅲ级）$\eta \geqslant 50\%$，软岩（Ⅳ级、Ⅴ级）$\eta \geqslant 20\%$（表 7-1）。

表 7-1 半孔率质量标准

硬岩（Ⅰ级、Ⅱ级）	中硬岩（Ⅲ级）	软岩（Ⅳ级、Ⅴ级）
$\eta \geqslant 80\%$	$\eta \geqslant 50\%$	$\eta \geqslant 20\%$

（2）《铁路路堑边坡光面（预裂）爆破技术规程》（TB 10122—2008）。不同岩性边坡预裂爆破后坡面半孔率的质量标准见表 7-2。

表 7-2 半孔率质量标准

硬岩（Ⅰ级、Ⅱ级）	中硬岩（Ⅲ级）	软岩（Ⅳ级、Ⅴ级）
$\eta \geqslant 80\%$	$\eta \geqslant 60\%$	$\eta \geqslant 30\%$

注：半孔率 $\eta = \sum l / \sum L$（$\sum l$ 为检测区段炮孔在坡面上残留炮孔痕迹的长度总和；$\sum L$ 为检测区段坡面上的总钻孔延米数）。

（3）《水工建筑物地下开挖工程施工技术规范》（DL/T 5099—2011）。岩石的完整程度对炮孔痕迹保存率的影响比岩石硬度更大，残留炮孔痕迹应在开挖轮廓面上均匀分布。半孔率质量标准：完整岩石在85%以上，较完整和完整性差的岩石不小于60%，较破碎和破碎岩石不小于20%（表7-3）。

表7-3 半孔率质量标准

完整岩体	较完整—较破碎岩体	破碎岩体
$\eta \geqslant 85\%$	$\eta \geqslant 60\%$	$\eta \geqslant 20\%$

注：炮孔痕迹保存率是指炮孔残留的炮眼个数与周边孔数之比的百分数。

（4）《水工建筑物岩石地基开挖施工技术规范》（SL 47—2020）。在开挖轮廓面上，炮孔痕迹应均匀分布。半孔率质量标准：完整岩体，半孔率应达到90%以上；较完整—较破碎岩体，半孔率应达到60%以上；破碎岩体，半孔率应达到20%以上（表7-4）。

表7-4 半孔率质量标准

完整岩体	较完整—较破碎岩体	破碎岩体
$\eta \geqslant 90\%$	$\eta \geqslant 60\%$	$\eta \geqslant 20\%$

（5）《水工建筑物岩石基础开挖工程施工技术规范》（DL/T 5389—2007）：在开挖轮廓面上，残留爆破孔痕迹应均匀分布。半孔率质量标准：对于完整的岩体，应达到85%以上；对于较完整和较破碎的岩体，应达到60%以上；对于破碎的岩体，应达到20%以上（表7-5）。

表7-5 半孔率质量标准

完整岩体	较完整—较破碎岩体	破碎岩体
$\eta \geqslant 85\%$	$\eta \geqslant 60\%$	$\eta \geqslant 20\%$

（6）马鞍山矿山研究院提出的半孔率质量分级判据见表7-6。

表7-6 半孔率质量标准

分级	半孔率	描　述
极好	≥85%	预裂面上的点有90%不大于0.15 m，即有90%点位于宽0.3 m的狭带内
很好	≥75%	此类界面质量是在狭带内的点不小于80%
好	≥60%	此类界面质量是在狭带内的点不小于70%
较好	≥50%	此类界面质量是在狭带内的点不小于60%

然而，由于半孔率和不平整度与岩体性质有关，因此上面的分类方法只是一种对一般岩性的大致分类法。

（7）大孔径垂直孔预裂爆破标准。对于大孔径垂直孔预裂爆破，完整性好的硬岩，预裂孔的平均半孔率不小于50%～60%（孔径大时取小值，孔径小时取大值）；完整性好的软岩，半孔率不小于30%～40%（孔径大时取小值，孔径小时取大值）。

7.4 不平整度

不平整度也称起伏差，是岩面相对于相邻预裂孔轴线平面的差值，是一个比较直观而又容易测得的指标；它是衡量相邻两炮孔间岩面凹凸程度的一个指标，反映了开挖轮廓线和设计轮廓线的差值；它的大小直接和预裂爆破参数、孔距和线装药密度相关。

预裂爆破形成的边坡坡面应平顺，坡面不平整度（凹凸差）应小于±20 cm；由于局部地质造成的超标凹凸差，应根据现场实际情况进行确定（表7-7）。

此外，半孔壁面不应有明显的爆破裂隙，除明显地质缺陷处外，不应产生裂隙张开、错动及层面抬动等现象。线装药密度合理的预裂爆破，炮孔壁没有或仅有少量细小的爆破裂隙。

表7-7 预裂爆破边坡坡率评价标准

项目	偏差	质量等级
倾斜坡面平整度	±20 cm	合格
	±15 cm	优良
垂直坡面平整度	欠挖20 cm，不许超挖	合格
	欠挖15 cm，不许超挖	优良

对于大孔径垂直孔预裂爆破，预裂面应保持平整，壁面不平整度小于30 cm（ϕ310 mm），或25 cm（ϕ250 mm和ϕ200 mm）。

7.5 边坡坡率

预裂爆破形成的边坡坡率应符合表7-8规定。

表7-8 预裂爆破边坡坡率评价标准

项目	偏差	质量等级
倾斜坡面坡率	±2°	合格
	±1°	优良
垂直坡面坡率	2°，不允许倒坡	合格
	1°，不允许倒坡	优良

7.6 预裂缝宽度

预裂缝有两个重要作用：一是防止主爆区的破裂缝延伸向保留区；二是减小主爆区对保留区的振动影响。预裂缝宽度主要考虑地震效应，对爆破减振具有重要影响；若在预裂缝内充填泥土、碎石或水，则会明显降低减振效果。一般而言，中硬岩和软岩表面缝宽为 5~20 mm，硬岩缝宽在 2~5 mm 即可。

预裂爆破形成的预裂缝的宽度和深度应满足如下标准：

（1）露天爆破炮孔直径不小于 60 mm，预裂缝宽应达到 10~20 mm；

（2）掘进炮孔直径一般为 38~45 mm，预裂缝宽度为 5~10 mm；

（3）预裂缝深度以达到炮孔底为宜。

预裂缝宽度取决于地质条件和爆破装药量；对缝宽不宜苛求，否则，如片面地要求有较大的缝宽，则势必会增大装药量，这将对保留岩体质量造成不利影响（图 7-1~图 7-3）。

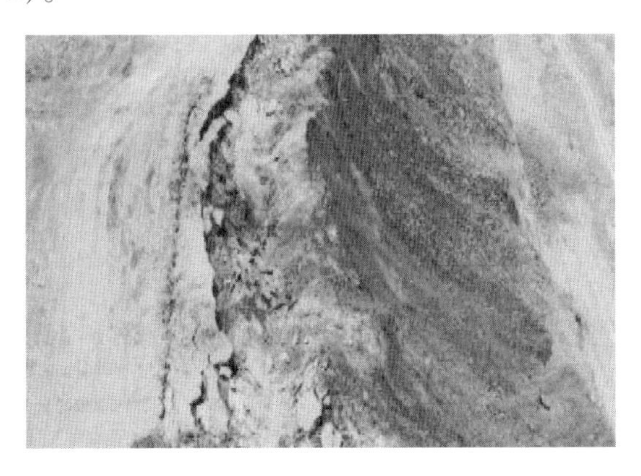

图 7-1 预裂缝与爆堆

图 7-2 地表预裂缝

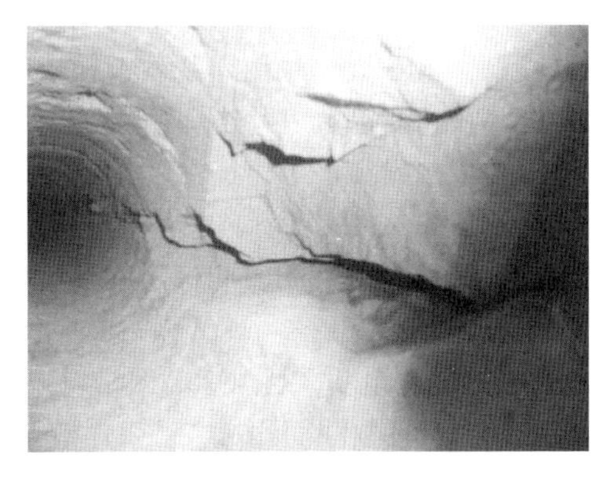

图 7-3 孔内预裂缝

7.7　爆 破 振 动

预裂爆破会不可避免地产生爆破振动次生危害效应，对紧邻的保护岩体、建（构）筑物等造成一定的损伤破坏；通过预裂缝可以较好地削弱爆破振动波的传播，有利于保持边坡围岩的完整与稳定。

为全面评测预裂爆破振动的危害程度，需要开展现场实际振动监测工作。如《非煤露天矿山边坡工程技术规范》（GB 51016—2014）规定：安全等级为Ⅰ级、Ⅱ级的边坡，应通过爆破振动监测或爆破试验确定爆破振动对边坡稳定性的影响。

爆破地震效应测试，可采用质点振动速度、振动加速度测试方法，实测爆破振动应满足《爆破安全规程》（GB 6722—2014）中的爆破振动安全允许标准。根据爆破振动安全控制标准，判断预裂爆破是否对保护边坡等产生危害，为调整预裂爆破参数和控制爆破规模提供指导依据。

减振率（R）是指爆破地震波被阻隔的效果，是衡量预裂爆破成果的关键指标。通常采用间接对比法得到减振率，计算公式为：

$$R = [(v_2 - v_1)/v_2] \times 100\%$$

式中　v_1——预裂后的质点振动速度，cm/s；

　　v_2——生产爆破的质点振动速度，cm/s。

7.8　保留岩体破坏范围

对于露天爆破而言，爆破破坏范围是指炮孔爆破后，台阶上部平台的后冲范围。

测定预裂爆破后预裂面内侧保留岩体的破坏范围，可同时采用以下方法：(1) 在表面可采用宏观调查和地质描述方法；(2) 在隐蔽部位可采用声波观测方法，测定预裂爆破前后保留岩体的声波变化。

可以按照《水工建筑物岩石地基开挖施工技术规范》（SL 47—2020）的规定，判断爆破破坏的标准。

(1) 采用宏观调查和地质描述方法时，若发现有下述情况发生，则应判断为爆破破坏：

1）裂隙频率、裂隙率增大。裂隙频率为单位面积上的裂隙条数；裂隙率为单位面积上的裂隙面积。若产生爆破裂隙，则裂隙频率和裂隙率都会增大；原有裂隙张开，也会使裂隙率增大。

2）节理裂隙面、层面等软弱结构面张开（或压缩）、错动。

3）地质锤锤击发出空声或哑声。

根据地质锤锤击时的发声状况进行判断，一般新鲜、完整的岩体，发声清脆，频率较高；被爆破破坏松动的岩体，会发出空声或哑声，频率较低。

（2）声波法是目前广泛采用的判断岩体质量的一种方法，一般采用钻孔跨孔和同孔法进行声波检测。采用声波法时，利用爆破前后岩体声波变化率 η 作为判据；同部位的爆后波速（c_{P2}）小于爆前波速（c_{P1}），其变化率 η 计算公式如下：

$$\eta = (1 - c_{P2}/c_{P1}) \times 100\%$$

采用声波测试方法判断爆破破坏的标准，应符合下列规定：

1）$\eta \leqslant 10\%$时，岩体无破坏或破坏甚微；

2）$10\% < \eta \leqslant 15\%$时，岩体破坏轻微；

3）$\eta > 15\%$时，岩体破坏或地基岩体开挖质量差。

当只在爆后测试时，可用测试部位附近原始状态的波速作为爆前波速，也可根据测试资料的变化趋势和特点进行判断。

8 预裂爆破有害效应控制

8.1 概　　述

爆破有害效应可能会危及爆区周边人员、设备、建（构）筑物以及其他设施的安全，易于发生爆破振动效应、爆破飞石伤害事故、爆破粉尘和有毒有害气体污染环境等问题，必须采取有效的安全防控措施，将爆破有害效应控制在安全允许范围内。

8.2 爆 破 振 动

炸药爆炸产生的能量在破岩的同时，还会以冲击波的形式向外传播，并随着距离的增加逐渐衰减为地震波，产生爆破振动效应，引起附近介质质点的振动。

爆破质点振动速度是指在地震波的作用下，介质质点往复运动的速度。为确保爆区周边建（构）筑物的安全，质点振动速度应控制在爆破振动安全允许标准范围内，并采取有效的技术手段尽量减小预裂爆破振动的危害。

8.2.1 安全允许振动速度

《爆破安全规程》（GB 6722—2014）规定，地面建筑物、电站（厂）中心控制室设备、隧道与巷道、岩石高边坡和新浇大体积混凝土的爆破振动判据，采用保护对象所在地基础质点峰值振动速度和主振频率，安全允许标准见表 8-1。

表 8-1　爆破振动安全允许标准

序号	保护对象类别	安全允许质点振动速度 v/cm·s^{-1}		
		$f \leqslant 10$ Hz	10 Hz$<f \leqslant 50$ Hz	$f>50$ Hz
1	土窑洞、土坯房、毛石房屋	0. 15~0. 45	0. 45~0. 9	0. 9~1. 5
2	一般民用建筑物	1. 5~2. 0	2. 0~2. 5	2. 5~3. 0
3	工业和商业建筑物	2. 5~3. 5	3. 5~4. 5	4. 2~5. 0
4	一般古建筑与古迹	0. 1~0. 2	0. 2~0. 3	0. 3~0. 5
5	运行中的水电站及发电厂中心控制室设备	0. 5~0. 6	0. 6~0. 7	0. 7~0. 9
6	水工隧洞	7~8	8~10	10~15

续表 8-1

序号	保护对象类别	安全允许质点振动速度 v/cm · s^{-1}		
		$f \le 10$ Hz	10 Hz $< f \le$ 50 Hz	$f > 50$ Hz
7	交通隧道	10~12	12~15	15~20
8	矿山巷道	15~18	18~25	20~30
9	永久性岩石高边坡	5~9	8~12	10~15
10	新浇大体积混凝土（C20）： 龄期：初凝~3 d 龄期：3~7 d 龄期：7~28 d	 1.5~2.0 3.0~4.0 7.0~8.0	 2.0~2.5 4.0~5.0 8.0~10.0	 2.5~3.0 5.0~7.0 10.0~12

注：1. 爆破振动监测应同时测定质点振动相互垂直的三个分量。

2. 表中质点振动速度为三分量中的最大值；振动频率为主振频率。

3. 频率范围根据现场实测波形确定或按如下数据选取：露天深孔爆破 f 在 10~60 Hz；露天浅孔爆破 f 在 40~100 Hz；地下深孔爆破 f 在 30~100 Hz；地下浅孔爆破 f 在 60~300 Hz。

《水电水利工程爆破施工技术规范》（DLT 5135—2013）规定的安全运行爆破振动速度见表 8-2 和表 8-3。

表 8-2 新浇混凝土、灌浆区、预应力锚索（锚杆）、喷射混凝土的安全允许爆破振动速度表

序号	项目	安全允许爆破振动速度 v/cm · s^{-1}			备注
		龄期 3 d	龄期 3~7 d	龄期 7~28 d	
1	混凝土	2.0~3.0	3.0~7.0	7.0~12.0	
2	灌浆区	0.0	0.5~2.0	2.0~5.0	含坝体、接缝灌浆等
3	预应力锚索（杆）	1.0~2.0	2.0~5.0	5.0~10.0	锚墩、锚杆孔口附近
4	喷射混凝土	1.0~2.0	2.0~5.0	5.0~10.0	距爆区最近的喷射混凝土

注：1. 非挡水新浇大体积混凝土的安全允许振动速度可根据表中给出的上限值选取。

2. 控制点位于距爆区最近的新浇大体积混凝土基础上。

3. 地质缺陷部位一般应在进行临时支护后再进行爆破，或适当降低控制标准值。

表 8-3 建筑物及设备保护对象的安全允许爆破振动速度表

序号	保护对象类别	不同频段的爆破安全允许振动速度 v/cm · s^{-1}		
		<10 Hz	10~50 Hz	50~100 Hz
1	土窑洞、土坯房、毛石房屋	0.5	0.5~1.0	1.0
2	一般砖房、非抗震的大型砌块建筑物	1.0	1.0~2.5	2.5~3.0
3	钢筋混凝土框架房屋	2.0	2.0~4.0	4.0~5.0
4	一般古建筑与古迹	0.2	0.2~0.6	0.6

续表 8-3

序号	保护对象类别	不同频段的爆破安全允许振动速度 v/cm · s^{-1}		
		<10 Hz	10~50 Hz	50~100 Hz
5	水工隧洞	5.0	5.0~8.0	8.0~10.0
6	水电站及发电厂中心控制室设备	0.2	0.2~0.5	0.5
7	水电站中控室、厂房及输电设备基座	3.0	3.0~4.5	4.5~5.0

注：1. 爆破振动监测应同时测定质点振动相互垂直的三个分量。
2. 表中频率为主振频率，是指最大振幅所对应的震波频率。
3. 频率范围可根据类似工程或现场实测波形选取。
4. 选取建筑物安全允许爆破振动时，应综合考虑建筑物的重要性、建筑质量、新旧程度、自振频率、地基条件等因素。
5. 省级以上（含省级）重点保护古建筑与古迹的安全允许爆破振动速度应经专家论证选取，并报相应文物部门批准。

8.2.2　爆破振动控制措施

预裂爆破振动控制措施如下：

(1) 预裂爆破振动控制技术包括控制最大分段起爆药量、选取合适的起爆顺序和优化装药结构等。实践表明，装药越分散，爆破振动效应越小，因此，采取不耦合装药、空气间隔装药等装药结构可以不同程度地降低爆破振动。

(2) 在保证预裂缝质量的前提下，尽量采用较大的不耦合系数，有利于减少炸药消耗量，降低爆破振动强度。

(3) 研究表明，爆破振动与炸药的波阻抗关系密切，炸药的波阻抗越大，爆破振动也越大。因此，选用低爆速、低威力的炸药可以有效降低预裂爆破振动。

(4) 进行预裂爆破技术设计时，应预先估算爆破振动，确定合理的预裂爆破工作面长度，根据爆破振动控制需要，可以分两段或多段进行爆破，以便控制爆破最大单段药量，并选择合适的起爆方法。

(5) 在复杂环境中多次进行预裂爆破作业时，应从确保安全的单响药量开始，逐步增大到允许药量，并控制一次爆破规模。与预裂孔临近的缓冲孔、主爆孔应采用逐孔起爆技术，并优选适宜的延时间隔，有效控制爆破振动效应。

(6)《预裂爆破工程技术设计规范》(T/CSEB 0017—202X)，质点爆破振动速度可按下列经验公式计算：

$$v = K'K\left(\frac{Q^{1/3}}{R}\right)^{\alpha}$$

式中　v——质点振动速度，cm/s；

K'——预裂爆破振动修正系数，一般取 1.2~1.5；

Q——爆破装药量，齐发爆破时取总装药量，分段延时爆破时可取有关段或最大单段装药量，kg；

R——分段药量的几何中心至监测点的距离，m；

K，α——与爆破点至保护对象间的地形、地质条件有关的系数和衰减指数，由现场爆破试验确定，当无试验数据时，可参考表 8-4 选取。

表 8-4 爆区不同岩性的 K、α 值

岩性	K	α
坚硬岩石	50~150	1.3~1.5
中硬岩石	150~250	1.5~1.8
软岩石	250~350	1.8~2.0

（7）根据《水工建筑物岩石地基开挖施工技术规范》（SL 47—2020），当考虑爆破区与监测点的高程差的影响时，质点振动速度可采用下列经验公式确定：

$$v = K\left(\frac{Q^{1/3}}{R}\right)^{\alpha} \cdot e^{\beta H}$$

式中 H——分段药量的几何中心至监测点的高程差，m；

β——与场地地形及地质条件、爆破条件等有关的衰减系数，由现场爆破试验确定。

（8）主爆孔起爆前，在爆破区和保护区之间形成的一定长度、宽度和深度的预裂缝，可以有效阻隔爆破地震波的传播，加速地震波能量的衰减。研究表明，随着预裂缝宽度的增加，减震效果逐渐增强。通常，当预裂缝宽在 1~2 cm 时，可以发挥较好的减振效果；当预裂缝的宽度达到 2 cm，预裂缝被完全拉开，继续增大预裂缝的宽度对减震效果影响不大；当预裂缝的宽度小于 1 cm 时，预裂缝开始发生闭合，缝面透射能力增强，预裂缝的减震效果减弱。因此，应根据现场情况，合理选择孔网参数，控制好预裂缝的宽度，以取得较好的减震效果。

（9）通常，增加预裂缝的长度和深度，可以减弱侧面和底面应力波绕射后对保护岩体的影响。一般当预裂缝长度超过爆区长度 5~10 m 时，可以获得较好的减震效果。因此，应根据现场监测情况，合理设置预裂缝的长度和深度。

（10）采用切缝药包或者聚能药包，使爆炸能量尽可能沿预裂孔连线方向传播，可以有效增大预裂孔间距，减小炸药使用量，进而减小爆破振动。

（11）当预裂炮孔中含水时，水介质会提高爆炸能量利用率，减小爆破振动波的衰减，因此，应尽可能将孔内积水排空后再进行装药。

（12）国内外爆破行业通常以质点振动速度作为爆破振动引起的损伤和破坏的标准判据。预裂爆破作业时，应进行爆破振动实时监测，以进一步优化预裂爆破参数。一般在需要进行动力计算时，进行爆破振动加速度的监测（图 8-1 和图 8-2）。

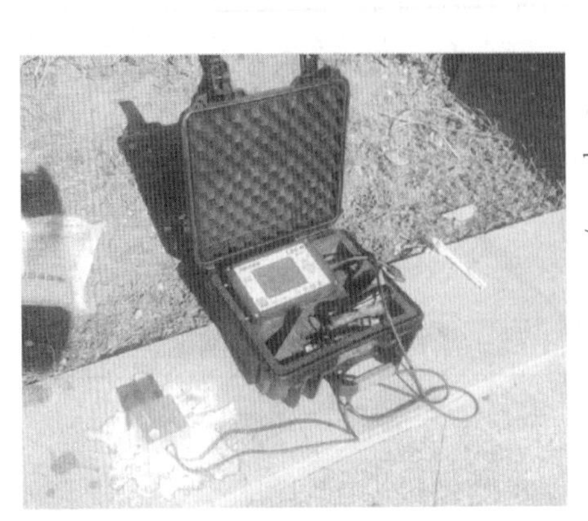

图 8-1　爆破振动监测

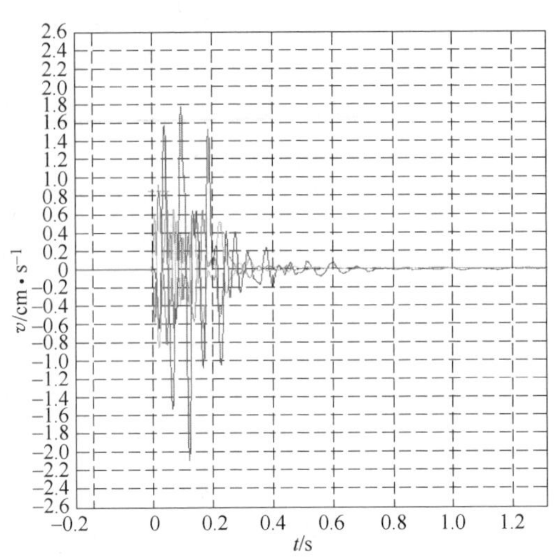

图 8-2　典型爆破振动波形

8.3　爆破个别飞散物

爆破个别飞散物是指在爆破作业过程中炸药释放出的能量将砂石、泥土、杂物等物质从作业点或作业面抛掷到空中的一种爆破危害，易于造成人员（牲畜）伤亡、建（构）筑物损坏、机器设备损毁等。

预裂爆破时，若爆破参数、装药结构等控制得不到位，则易于产生爆破个别飞散物的伤害事故。由于影响爆破个别飞散物的飞行距离的因素众多，当前人们尚难以用数学分析方法进行精确计算，因此通常采取严格的爆破参数设计、施工管理以及圈定安全警戒距离的措施进行预防。《爆破安全规程》（GB 6722—2014）指出，一般工程爆破个别飞散物对人员的安全距离不应小于表 8-5 的规定；对于设备或建（构）物的安全允许距离，应由设计确定。

表 8-5　爆破个别飞散物对人员的安全允许距离

爆破类型和方法		个别飞散物的最小安全允许距离
露天岩土爆破	浅孔爆破法破大块	300 m
	浅孔台阶爆破	200 m（复杂地质条件下或未形成台阶工作面时不小于 300 m）
	深孔台阶爆破	按设计，但不小于 200 m
	硐室爆破	按设计，但不小于 300 m
水下爆破	水深小于 1.5 m	与露天岩土爆破相同
	水深大于 1.5 m	由设计确定

续表 8-5

爆破类型和方法	个别飞散物的最小安全允许距离
拆除爆破、城镇浅孔爆破及复杂环境深孔爆破	由设计确定
沿山坡爆破时，下坡方向的个别飞散物安全允许距离应增大 50%	

主要技术安全措施如下：

（1）合理的炮孔填塞长度和良好的填塞质量，对改善爆破效果和提高炸药能量利用率具有重要作用。如果填塞深度过大，则会使炮孔上部受药柱破坏作用减小，难以形成预裂面；如果填塞长度过小，则易产生较多飞石和较强的空气冲击波，爆轰气体产物过早地从孔口冲出，从而影响爆破效果（图 8-3）。因此，应优选适宜的炮孔填塞材料，严格控制炮孔堵塞长度和堵塞质量，禁止采用石块、碎石进行堵塞；保证爆破个别飞散物对人员、设备和建筑物的安全允许距离满足《爆破安全规程》（GB 6722—2014）等的要求。

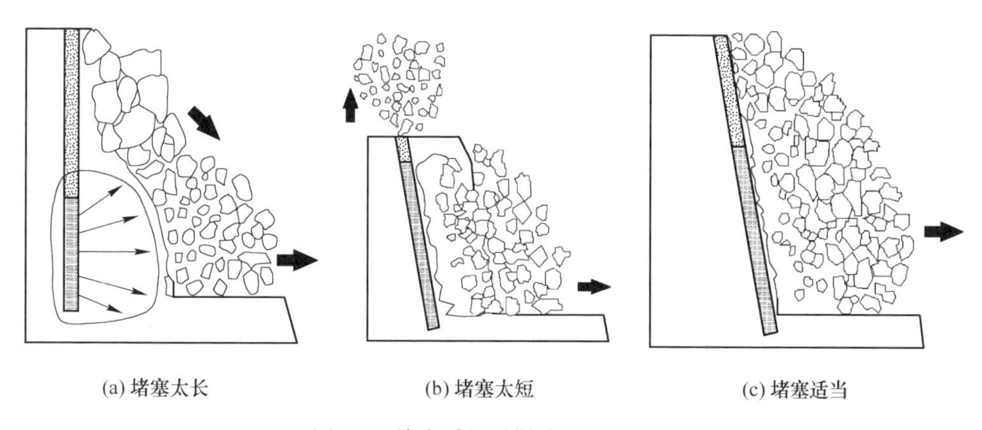

(a) 堵塞太长　(b) 堵塞太短　(c) 堵塞适当

图 8-3 堵塞质量对爆破飞石的影响

（2）根据现场岩体裂隙发育等情况，选取合适的预裂爆破设计参数和装药结构，减弱装药段的线装药密度不宜过大，靠近孔口段不应过度装药。

（3）对于断层、软弱带等区域，应及时调整炮孔装药量，避免过量装药引起的爆破飞石。

（4）采用竹笆、旧地毯等对预裂炮孔、地面导爆索进行覆盖防护，根据现场情况可以使用沙袋进行压覆，有效防止爆破飞石的产生。

（5）对于水孔，装药前应将炮孔中的积水排出，消除积水使装药上浮而对装药位置的影响。

8.4　爆破有毒有害气体

受到炸药类型、成分、爆破作业条件等的影响，炸药爆炸时会不可避免地生成大量的炮烟，其中的有毒有害气体主要为一氧化碳和氮的氧化物（NO、NO_2等）；当炸药或岩石中含有硫或硫化物时，还会生成二氧化硫、硫化氢等有毒气体。

炸药爆炸产生的爆生气体的危害性极大，当人体吸入一定量的有毒气体之后，轻则引起头痛、心悸、呕吐、四肢无力、昏厥，重则使人发生痉挛、呼吸停顿，甚至死亡。因此，预裂爆破时必须采取有效的防治措施，避免炮烟中毒事故的发生。主要控制措施包括：

（1）选取合适的炸药品种，应选用零氧平衡的炸药，减少有毒有害气体的产生量。

（2）爆破前应对运至现场的炸药进行检查，严禁使用过期失效或变质的爆破器材。

（3）装药前，应将炮孔中的岩粉和积水吹干净，消除炮孔环境对爆破有毒有害气体产生量的影响。

（4）加强现场爆破施工管理，保证预裂孔的填塞长度和堵塞质量，使炸药得以充分反应，减少由于炸药爆轰不彻底而产生的爆破有害气体。

（5）根据预裂爆破当天的风向、地形条件等，合理选择起爆点、警戒点和观测点，避免人员位于下风向；同时采取有效的个人防护措施。

（6）研发新型爆破有毒有害气体抑制剂，并进行推广应用，如中钢集团马鞍山矿山研究院研发的爆破有害气体抑制剂，其有害气体降低率达40%以上。

（7）加强爆破工作面的通风工作，待爆破有害气体浓度满足安全要求后，方可准许人员进入现场进行爆后安全检查工作。现场检查人员应携带便携式爆破有毒有害气体检测仪，如图8-4所示。

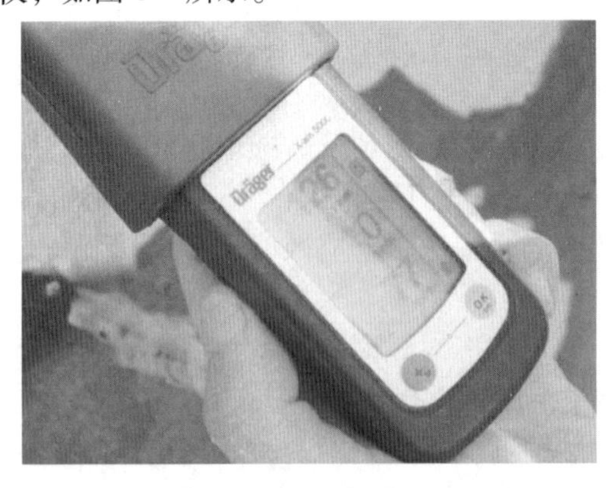

图8-4　爆破有害气体检测仪

8.5 爆破粉尘

岩体爆破破碎过程中会不可避免地产生大量的粉尘，爆破粉尘浓度高、扩散速度快、分布范围广、颗粒小、滞留时间长，易于引发尘肺病等职业病，威胁现场作业人员的职业健康，同时会对生产设备的运行效能产生一定的影响（图 8-5和图 8-6）。

从穿孔、爆破角度控制爆破粉尘的措施如下：

（1）现场钻孔过程中，应采用湿式凿岩或配有集尘装置的钻机，降低钻孔过程中产生的粉尘。

（2）采用水力增压等水封爆破措施可有效减少爆破粉尘的产生。

（3）穿孔、爆破等作业人员应严格落实粉尘防护工作，加强个人职业健康防护，正确佩戴防尘口罩等劳保用品。

图 8-5　爆破粉尘

图 8-6　爆破粉尘监测

8.6 爆破噪声

从生理学观点来看，凡是干扰人们休息、学习和工作以及对人们所要听的声音产生干扰的声音，即不需要的声音，统称为噪声。当噪声对人及周围环境造成不良影响时，就形成噪声污染。

当爆破产生的爆炸空气冲击波的超压衰减至一定程度时，即转变为声波继续向外传播，并伴随着声响，即爆破噪声。国外学者认为只有当空气冲击波压力降至 180 dB 以下时才可以称为爆破噪声。虽然爆破噪声是间歇性的短促脉冲声音，但容易引起人体的身体紧张、不适感或不愉快，需要避免由于爆破噪声引起的社会纠纷问题。

在环境噪声评价中，在测量噪声大小时，应采用一定特性的仪器（图 8-7 和图 8-8）；通过曲线测量得到的声强级（单位：分贝（dB））是最常用的一种噪声级，是噪声的基本评价量。根据《爆破安全规程》（GB 6722—2014），对于爆破突发噪声的判据，采用保护对象所在地的最大声级，控制标准见表 8-6。

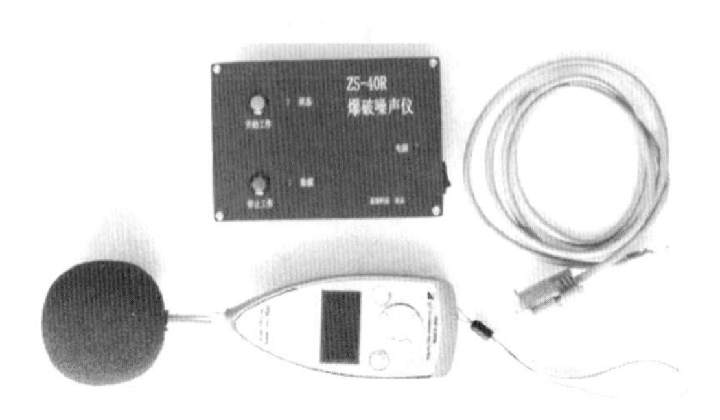

图 8-7　爆破噪声测试仪

图 8-8　爆破噪声监测

表 8-6　爆破噪声控制标准

声环境功能区类别	对应区域	不同时段控制标准/dB(A)	
		昼间	夜间
0 类	康复疗养区、有重病号的医疗卫生区或生活区，进入冬眠期的养殖动物区	65	55
1 类	居民住宅，以一般医疗卫生、文化教育、科研设计、行政办公为主要功能，需要保持安静的区域	90	70
2 类	以商业金融、集市贸易为主要功能，或者居住、商业、工业混杂，需要维护住宅安静的区域；噪声敏感动物集中养殖区，如养鸡场等	100	80
3 类	以工业生产、仓储物流为主要功能，需要防止工业噪声对周围环境产生严重影响的区域	110	85
4 类	人员警戒边界，非噪声敏感动物集中养殖区，如养猪场等	120	90
施工作业区	矿山、水利、交通、铁道、基建工程和爆炸加工的施工厂区内	125	110

爆破噪声声压级与实测超压的换算如下：

$$L_p = 20\lg(\Delta p/p_0)$$

式中 L_p——声压级，dB；

Δp——实测超压，μPa；

p_0——基准声压，20 μPa。

预裂爆破常用的噪声控制措施如下：

（1）禁止采用裸露爆破，应采用砂土等对预裂爆破孔外的导爆索进行覆盖，降低导爆索爆炸产生的噪声。

（2）选取合适的预裂爆破参数，控制一次爆破规模，根据预裂爆破工作面的长度，采取分段爆破方法，可以有效降低爆破噪声。

（3）地表采用数码电子雷管连接起爆网路，有效减少孔外导爆索的使用量，并对电子雷管进行适当的覆盖防护。

（4）合理安排爆破时间，避免在早晨或下午较晚时进行爆破，减少爆破噪声扰民问题。

（5）作业人员加强个人噪声防护工作，佩戴耳塞、耳罩等防护用品。

8.7 爆破冲击波

炸药爆炸产生的高温高压气体，或直接压缩周围空气，或通过岩体裂缝高速冲入空气中并使其压缩，形成爆破空气冲击波，其频率在 0.1～200 Hz（图 8-9 和图 8-10）。当空气冲击波超压达到一定量值后，就会导致建筑物破坏和人体器官损伤。

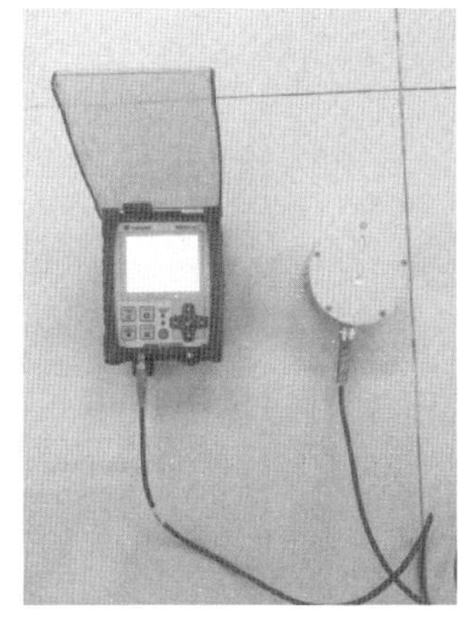

图 8-9 爆破冲击波监测仪

图 8-10 爆破冲击波监测

根据《爆破安全规程》（GB 6722—2014），空气冲击波超压的安全允许标准，对于不设防的非作业人员，为 2000 Pa；对于掩体中的作业人员，为 10000 Pa。预裂爆破空气冲击波的主要控制措施如下：

（1）严格控制炮孔堵塞质量和堵塞长度，控制炮孔内炸药爆炸的冲击波危害。

（2）对孔外地面导爆索采取有效覆盖防护措施，避免裸露爆破。

（3）根据爆区周边保护对象的需要，可设置挡波墙，以削弱爆炸冲击波危害。

9 预裂爆破施工管理

9.1 概　　述

预裂爆破施工管理是落实爆破设计方案、保证爆破作业安全、实现预期控制效果的关键；现场施工管理水平的高低直接关系到预裂爆破的成功与否。若现场施工管理不到位，那么即使再好的爆破设计，也达不到预期的爆破效果，因此必须高度重视现场施工管理工作。

9.2 质量控制措施

9.2.1 测量放点质量

预裂炮孔测量放点的准确性直接关系到钻孔位置和预裂孔距的精度，进而影响到预裂爆破成缝的质量，因此必须引起高度重视并采取可靠的控制措施。

（1）炮孔测量放点工作应由专业测量人员和技术人员配合进行，携带全站仪、高精度 GPS、钢卷尺等测量仪器和设计图纸等（图 9-1）。

（2）应根据预裂爆破设计进行逐孔放样，在炮孔处采取喷漆或摆放明显标识物的方式进行明示，以便钻孔人员能够准确地确定钻孔位置，并在放样后做好复核工作。

（3）测量放样点一定要定位在基岩上，且应将地表的浮土、松散岩土、杂物等清理干净，避免放样孔位随岩土移动而发生变化。

（4）测量过程中，当发现现场地形标高等与图纸不符时，应根据现场实际情况对孔位等进行立即调整，并在图纸上标明，做好后续交底工作。

（5）当放样高程与设计不一致或场地不平整时，应加密放样孔位，并根据高程差和穿孔角度沿垂直边坡眉线方向调整孔位。

9.2.2 穿爆质量

9.2.2.1　穿孔质量

钻孔质量是影响预裂爆破效果的关键因素之一，必须高度重视现场穿孔质量的控制工作，采取安全可靠的控制措施。

图 9-1　现场测量孔位

(1) 钻孔作业人员到达预裂钻孔工作面后，由技术人员和测量人员对测点放样情况进行现场交底，确保相关人员掌握穿孔质量的控制要点。

(2) 钻机平台是钻机作业场地，钻机平台的好坏直接关系到预裂钻孔作业的安全，并会影响钻孔质量。钻孔前应平整好钻机平台，尽量做到横向平整、纵向平缓，满足钻机移动和架设宽度，为保证钻孔质量创造条件。

(3) 钻机架设会直接影响钻孔质量，应高度重视控制钻机架设工作，其三要点为：对位准、方向正、角度精。钻孔前一定要调整好钻机方向和角度，固定好钻机。

(4) 钻孔采取“定人、定机、定钻杆长度”的原则，根据钻孔编号进行分区，实行“专孔专人专钻”的钻孔方法，保证钻孔施工质量。

(5) 钻孔前，应对钻孔孔位进行测量确认，确保孔位正确，并应对当班使用的罗盘、量角器等进行检查，检查合格后方可开始钻孔工作。

(6) 钻孔施工时要设立明显的参照标志，使钻孔作业人员能够控制好钻孔角度和方向。在地下工程中，还要控制好钻孔外插角。

(7) 钻孔过程中，应坚持“软岩慢打，硬岩快打”的钻孔基本操作方法；并应经常进行炮孔方向检查，控制好钻孔角度，使得孔底落在爆破设计所规定的平面上。

(8) 应加强炮孔钻进过程中的检查与纠偏工。每钻 2~3 m 或每钻进一根钻杆，应停机对钻孔方向、倾角等进行一次检查，若有偏差则应及时纠偏。当发现炮孔偏斜率不满足要求时，应在该炮孔左右两侧合理的范围内重新补孔。

(9) 为提高钻孔成孔率，应将表层的松动岩土层挖开，最好挖到基岩，确保钻机在坚硬岩石上进行穿孔，减小塌孔的可能性。

(10) 钻孔过程中应经常清理孔口的碎石，避免钻孔时冲击水流将碎石带入孔内堵塞炮孔；钻成孔后，孔口应用油毡纸盖好，防止地表碎石、岩粉等落入孔中堵塞炮孔或减小炮孔长度；同时应避免机械设备碾压炮孔。

（11）在岩体节理裂隙发育地段钻孔时，可以采用黄泥等材料进行炮孔护壁，以维护炮孔壁的稳定性，防止发生塌孔或堵孔。

（12）当采用小型钻孔设备时，如采用手风钻机钻孔，由于钻机本身质量较轻，钻孔过程中极易发生滑钻、偏移现象，因此为保证钻孔方向，应搭设钻机样架；钻孔过程中应随时检查钻孔方向、角度是否满足爆破设计要求。

（13）根据钻孔需要，在钻杆上加装扶正器，以确保钻杆在钻孔中心线位置工作。如在 YQ-100B 钻机上加装限位板、扶正器，并在钻机上加焊固定支架，有效防止了开孔时的钻头偏移和“飘钻”现象的发生，提高了钻孔精度。

（14）小直径钻杆在钻孔过程中容易发生挠性变形而产生飘钻现象，导致孔底角度偏斜幅度增大，影响钻孔倾斜角度和平整度控制效果。可以对钻杆进行改造，如钻杆直径加粗、刚度加强等，此外，根据岩性情况，可以适当增加钻孔开口角度，确保孔底位于设计钻孔位置。

（15）每个炮孔在钻完后，应立即清除炮孔内的岩渣和岩粉，经孔深、倾角等检查合格后，采用牛皮纸、编织袋等进行堵塞，防止碎石等杂物落入到炮孔内。

（16）应加强对钻孔人员的技术培训，落实好钻孔技术和质量交底工作，确保全部人员熟练掌握钻孔操作要领；应安排经验丰富和责任心强的钻机人员进行钻孔。

（17）由于大风天气不利于钻机操作人员控制钻杆的角度和方位，因此应及时关注当地的天气变化，做好钻孔作业计划安排，避免在大风天气进行钻孔施工。

（18）大雪、暴雪等恶劣天气，当地表积雪较厚时，不利于寻找钻孔位置，应尽量避免在该种情况下进行穿孔工作。

9.2.2.2 爆破质量

预裂爆破质量涉及爆破器材质量、爆破参数合理性、装药结构科学性等诸多方面。为保证预裂爆破质量，需要重点关注以下内容：

（1）应选用低密度、低爆速的炸药。同时，不同品种炸药的爆破效果不一样，应根据现场使用的炸药品种进行必要的换算（图 9-2 和图 9-3）。

（2）每次爆破应采用同一厂家、同一批次的爆破器材，禁止将不同厂家、不同批次的爆破器材混用，以免影响实际爆破效果。

（3）由于不抗水或易受潮的爆破器材，浸水后会失效，受潮后易变质，从而产生拒爆或炸药爆轰不完全的现象，达不到预期的爆破效果。因此在潮湿或有水环境中，应使用抗水爆破器材，或对不抗水爆破器材进行防潮、防水处理。

图 9-2　炸药配重

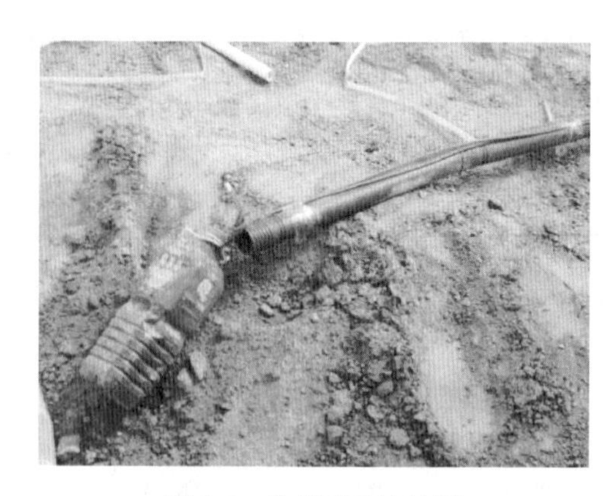

图 9-3　炸药配重连接图

（4）爆破器材运输到现场后，应对预裂爆破使用的炸药、雷管、导爆索、起爆器等进行现场检测，检测合格后方可使用。禁止使用过期失效或变质的爆破器材。

（5）根据爆破设计参数，在每个炮孔旁边放置一个包括炮孔标号、深度、倾角、装药量等参数信息的纸片或卡片，并用石块等压住；每个炮孔在装药前应认真核对，避免现场人员装药错误。

（6）严格按照设计装药结构进行炸药卷的绑扎工作，药卷应绑扎牢固，避免炸药滑落而影响爆破质量。

（7）由于水介质的存在可以提高炸药爆炸的能量利用率，因此含水炮孔在预裂爆破时要适当地减少药量；炸药减少量需要根据岩性、孔距及炸药性能，并结合爆破效果等综合确定。

（8）当含水炮孔爆破时，可适当减小孔底加强装药段的长度和炮孔深度。

（9）在富水岩体或者成孔率较低的区域，宜采用单段靠界预裂穿孔，尽量避免采用并段双台阶穿孔爆破。另外，可以适当增加炮孔穿孔深度，以避免泥浆沉积孔底造成孔深不够的情况发生。

（10）当在含水炮孔进行预裂爆破时，由于水的上浮力，炸药难以沉底，导致底部炸药爆力不足，常造成底部破碎不良，甚至出现根底。可以将炸药绑在竹片上，并在其最下方绑上砂袋，有助于将预裂炸药坠到炮孔底部；同时应注意，水孔的装药速度要慢，以保证炸药沉入孔底。

（11）考虑到低温条件下炸药性能的降低，可以采用爆速仪开展炸药爆速现场测试工作，为爆破参数调整提供指导，如图 9-4~图 9-6 所示。

（12）每次预裂爆破后，应根据现场爆破效果，做好技术交流和经验总结工作，为爆破参数优化调控提供指导依据。

图 9-4 MicroTrap 爆速仪

图 9-5 现场爆速测试

9.2.3 开挖质量

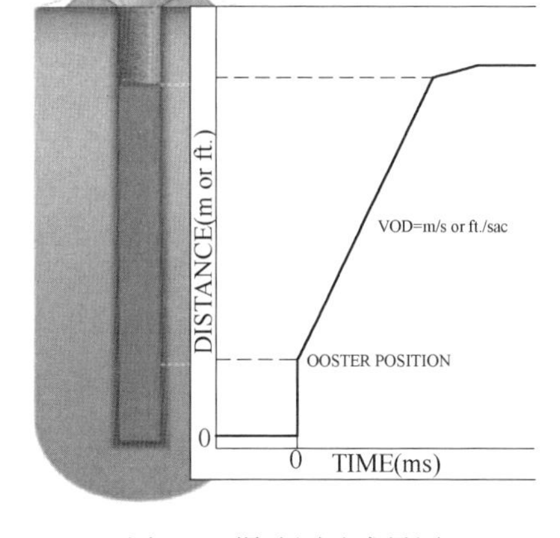

图 9-6 爆速测试成果图

预裂爆破后，在地表仅可以看到一道裂缝或者岩体轻微的鼓包，需要开挖掉爆破的岩体后方可看到半壁孔、预裂面不平整度等。如果预裂爆破很成功，但不注重随后的岩体开挖施工管理，那么在开挖过程中依然会破坏掉已经形成的预裂面，导致边坡面凹凸不平。

加强开挖质量管理，主要注意事项如下：

（1）爆堆开挖前应对作业人员进行教育培训，并做好现场技术、质量交底工作，确保全部作业人员熟练掌握开挖质量控制操作要领。

（2）为保证爆破后的开挖质量，应安排技术精湛、经验丰富且认真负责的人员进行作业。

（3）岩体开挖宜在天气晴朗视线良好的白天进行，在阴天、雾霾、雨雪等天气条件下，作业人员的视线不佳，不利于维护边坡开挖质量，应禁止在傍晚或夜晚进行开挖工作（图 9-7）。

（4）现场开挖时，应安排专人进行监督和指导，及时解决现场开挖作业过程中遇到的问题。

（5）临近预裂面开挖时，应缓慢地小心操作，避免铲斗破坏形成的半壁孔。

（6）铲装设备行走方向应尽量与预裂线走向一致，即沿平行于预裂线走向开挖爆堆。若二者夹角过大，则会影响作业人员的查看视角，容易破坏边坡半壁孔。同时，应遵循垂直预裂线走向由外到内的开挖顺序。

（7）边坡揭露过程中，要及时清理边坡浮石，将坡脚平台挖至设计标高。

（8）开挖过程中要加强现场测量工作，准确掌握开挖边界，避免超挖和欠挖。

（9）根据天气变化及时修筑临时排水沟，防止雨季大量降雨对边坡造成冲刷破坏。

图 9-7　现场爆堆开挖

9. 2. 4　修坡质量

预裂爆破开挖后，由于不同区域岩体特性的差异、装药结构不合理等，通常会在保留边坡上形成局部的效果不佳区域，松软破碎岩体这一现象相对更多，需要采用挖掘机配破碎锤等进行修坡处理，以提高边坡成形质量。

边坡修坡时的注意事项如下：

（1）修坡前应由技术人员对施工人员进行教育培训，并做好技术、质量交底工作。

（2）修坡时应安排技术精湛、经验丰富、责任心强的作业人员进行作业，并安排专人进行现场指导；同时加强边坡安全检查，发现隐患时应及时撤离人员和设备。

（3）当采用破碎锤敲击局部凸出来的岩体时，应注意掌握好敲击力度，避免用力过大损坏保留的边坡半壁孔（图 9-8）。

（4）边坡修理是紧跟边坡开挖进行的，当挖掘机不能处理边坡浮石等时，应采用机械破碎锤进行修整。

（5）在使用机械破碎锤进行边坡修整时，为便于观察边坡角度，应沿边坡面走向自上而下进行。

(6) 修坡作业设备应尽量与预裂爆破的边坡走向一致，提高边坡修整质量。

(7) 特殊情况下，当对垂直边坡面进行修理时，应有边坡面保护措施，严禁不按照边坡角度进行修坡作业。

(8) 在上部的边坡修整完成后，再对边坡根底进行处理，确保边坡底部平整。

图 9-8 破碎锤修坡图

9.3 安全施工措施

9.3.1 穿爆安全

9.3.1.1 穿孔安全

预裂爆破穿孔区域环境特点、天气变化、钻机行走、设备维护等都会涉及穿孔作业安全问题，需要从各个方面加强管理，预防穿孔安全事故的发生。

(1) 应密切关注天气变化，台风、雷电、暴雨、暴雪等恶劣天气，应停止钻孔作业；遇到影响安全的恶劣天气时，不得上钻架顶作业。

(2) 应在穿孔区域周边设置警示牌、警示彩旗等安全标志，并注意人员和设备与边坡边缘保持足够的安全距离。

(3) 现场钻孔应有技术人员进行现场指挥，禁止违章指挥、违章作业。

(4) 起落钻架时，应注意检查周边环境，非操作人员不得在危险范围内停留。

(5) 钻机开始运行时，必须检查设备周围是否有人或障碍物。

(6) 移动钻机应遵守如下规定：行走前司机应先鸣笛，确认履带前后无人；行进前方应有充分的照明；行走时应采取防倾覆措施，前方应有人引导和监护；不应在松软地面或者倾角超过 15°的坡面上行走；不应 90°急转弯；不得在斜坡上长时间停留。

（7）当钻机靠近台阶边缘行走时，应检查行走路线是否安全；潜孔钻机外侧突出部分至台阶坡顶线的最小距离应满足规范要求。

（8）在残孔附近钻孔时，应避免凿穿残留炮孔，且在任何情况下均不许钻残孔。

（9）当机械、电气、风路系统安全控制装置失灵以及除尘装置发生故障及损坏时，应立即停止作业，及时修理、维护和更换；同时，任何人均不得上、下钻机。

（10）应加强钻孔设备的日常保养维护工作，保证设备的正常运行状态，严禁钻孔设备“带病”运行。

（11）加强操作者的安全技术知识培训，制定安全技术操作规程，提高操作者识别危险、有害因素的能力和防范突发事故的能力。

9.3.1.2　爆破安全

爆破安全是爆破作业的重中之重，直接关系到现场作业人员的生命安全，必须做到精心地施工，加强爆破作业现场管理和隐患排查，将一切爆破安全隐患消灭在萌芽阶段。

（1）预裂爆破台阶高度 H，一般 $H \leqslant 15$ m；当 $H>15$ m 时，宜分层爆破。由于钻孔精度等要求，爆破技术和工艺应专门研究，以确保预裂爆破成功。

（2）根据预裂爆破周围环境的复杂程度和爆破作业程序的要求，应成立爆破指挥组，明确指挥人员，严格按爆破设计与施工组织计划实施，圈定爆破警戒范围，设置警示标志并安排警戒人员，确保爆破作业安全。

（3）在爆破现场进行爆破器材检测、加工和爆破作业的人员，应穿戴防静电的衣物。

（4）从炸药运入现场开始，应划定装药警戒区，警戒区内禁止烟火，并不得携带火柴、打火机等火源进入警戒区域。

（5）炸药运入警戒区后，应迅速分发到各装药孔口，不应在警戒区临时集中堆放大量炸药，不得将起爆器材、起爆药包和炸药混合堆放。炎热天气不应将爆破器材在强烈日光下暴晒，应采取有效的防晒措施。

（6）起爆体、起爆药包应由爆破员携带、运送；搬运爆破器材时应轻拿轻放，炮孔装药时不应冲撞起爆药包。

（7）露天爆破装药前，应与当地气象联系，当热带风暴或台风即将来临、雷电或暴雨雪来临、处于大雾天或沙尘暴等恶劣气候时，应停止爆破作业，所有人员应立即撤到安全地点。

（8）爆破装药现场不得用明火照明。爆破装药在用电灯照明时，可在装药警戒区 20 m 以外装 220 V 的照明器材，在作业现场或硐室内的照明电压不应高于 36 V。

（9）加工起爆药包和起爆药柱时，应在指定的安全地点进行。切割导爆索应使用锋利刀具，不得使用剪刀剪切。

（10）起爆网路连接工作应由工作面向起爆站依次进行。起爆网路的敷设应由有经验的爆破员或爆破工程技术人员实施，并实行双人作业制。

（11）禁止在雷雨天进行露天起爆网路连接作业；当雷雨即将来临时，应立即停止正在实施的起爆网路连接作业，人员应迅速撤至安全地点。

（12）起爆网路的检查工作应由有经验的爆破员组成的检查组担任，且检查组不得少于 2 人；大型或复杂起爆网路的检查工作应由爆破工程技术人员组织实施。

（13）起爆站应设在与爆区通视、通路条件好的警戒区外的安全地点，且处于爆区的上风方向；起爆站周围应设置一定的安全警示范围，无关人员不得进入；站内不准堆放与爆破作业无关的物品。

（14）起爆站应双人负责实施起爆，一人操作、一人监督；起爆站与指挥人员、警戒哨之间应建立即时通信联络，保持通信畅通，并严格按照指挥人员下达的作业命令进行起爆工作。

（15）应制定爆破安全事故专项应急救援预案，配备应急救援设备、器材和医疗药品等，严格落实应急演练和总结工作，并根据需要对应急救援预案进行修订和完善。

9.3.2 开挖安全

预裂爆破后的岩体开挖过程中，铲装运输设备处于边坡的下方，边坡岩体条件越差、高度越高，安全风险也就越大。若现场开挖施工和安全管理措施不到位，则易于发生边坡垮塌伤害事故，必须引起现场作业人员和管理人员的高度重视。

（1）现场施工前，应制定预裂爆破后的岩体开挖作业方案，明确安全注意事项和控制措施，并做好作业人员的技术交底工作。

（2）岩体开挖前，应由技术人员进行边坡安全性检查，检查坡面是否有浮石、伞檐等，分析潜在的安全隐患，并提出有效的解决方案和控制措施。

（3）现场作业时，应根据现场特点圈定一定的安全作业范围，并在周边设置明显的安全警示标志，禁止人员在设备回转半径范围内停留，同时防止无关人员和设备进入作业区。

（4）铲装设备在工作或调动时应有专职人员负责指导；当发现边坡有不能及时处理的悬浮岩块或崩塌征兆时，应立即停止铲装作业，全部人员和设备撤离至安全地带。

（5）每台铲装设备都应配有灭火器，且装有正常使用的汽笛或警报器；铲装工作开始前，应发出鸣笛等警告信号，无关人员应远离设备，确认铲装作业环境安全。

（6）铲装设备工作应遵守下列规定：悬臂和铲斗及工作面附近不应有人员停留；铲斗不应从车辆驾驶室上方通过；人员不得在司机室踏板上或有落石危险的地方停留；不应调整电铲起重臂；铲装设备平衡装置与台阶坡底的水平距离不应小于1 m。

（7）铲装时，应待机身停稳后再进行开挖，铲斗不应压、碰运输设备；铲斗卸载时，铲斗下沿与运输设备上沿高差不应大于0.5 m；不应用铲斗处理车厢黏结物。

（8）当边坡上出现伞檐时，禁止铲装设备正面作业，并应安排专人进行现场观察和指挥。

（9）当多台铲装设备在同一平台上作业时，铲装设备间距应符合下列规定：1）汽车运输：铲装设备间距不小于设备最大工作半径的3倍，且不小于50 m；2）铁路运输：铲装设备间距不小于两节列车的长度。

（10）根据铲装设备的作业范围和相关规范要求，当相邻铲装设备共同作业时，应保证足够的安全距离，避免相互影响。当上、下台阶同时作业时，上部台阶的铲装设备应超前下部台阶的铲装设备；超前距离不小于铲装设备最大工作半径的3倍，且不小于50 m。

（11）现场铲装设备应在作业平台的稳定范围内行走；上、下坡时铲斗应下放并与地面保持适当距离。

（12）当铲装设备横跨电缆线路或者风水管路时，应采取保护电缆、风水管等设施的措施。

（13）禁止运输设备装载过满或装载不均，严禁超载运输，且不应将巨大岩块装入车的一端，以免引起翻车事故。

（14）当机械设备在工作面发生故障时，应将其拖到安全的地点进行修理，不得在边坡下进行修理。

（15）开挖作业完成后，铲装设备应停放在地面坚实、平坦、安全的地带，并将铲斗回收平放在地面上，所有操纵杆置于中位，关闭操纵室。

（16）预裂爆破（特别是松散岩体）进行爆堆开挖时，边坡底部应预留一部分爆堆压住坡脚，待主要爆堆挖完且边坡依旧稳定时，再对坡脚处的预留爆堆进行开挖。

（17）现场所有人员均应正确佩戴安全帽、工作服、劳保鞋等安全防护用品，炎热夏季、寒冷冬季应做好个人防暑、防寒工作。

9.3.3　修坡安全

露天修坡时，机械设备紧邻岩体边坡，岩体条件的好坏决定了安全风险的高低。由于需要修坡的岩体的节理、构造条件通常较差，因此必须高度重视修坡安全问题。

（1）现场施工前应制定修坡方案和安全应急方案，加强作业人员的安全教育，并进行技术、质量、安全交底，做好培训记录保存工作。

（2）全部作业人员均应提高自我安全意识，提升自我安全素养，严禁酒后作业、违章作业，并听从现场指导人员的统一安排指挥。

（3）现场修坡时，应圈定修坡安全作业范围，并在确定的作业范围边界上设置安全警示标志，避免无关人员和设备进入修坡警戒区域；同时，严禁任何人在未经允许的情况下随意移动或搬走安全警示标志。

（4）现场作业前，应对所使用的设备进行全面、细致的检查，加强设备的维护保养工作，确保全部作业设备运行安全，坚决杜绝设备“带病”作业。

（5）每台修坡设备都应装有能够正常工作的汽笛或警报器；工作开始前，应发出鸣笛等警告信号，无关人员应远离设备，确认设备作业环境安全。

（6）当修坡设备紧跟铲装运设备时，需要保持足够的安全距离。上、下台阶作业的修坡设备应错开足够的安全距离，同一平台的作业设备也要保持规定的安全距离，防止修坡设备之间相互影响而引发安全事故。

（7）边坡修整须安排专人进行现场观察和指挥。修坡前，应对边坡进行观察；修坡过程中，应时刻关注边坡位移变化情况，当发现边坡有不能及时处理的悬浮岩块或出现崩塌征兆时，应立即停止修坡作业，并采取人员和设备的撤离措施。

（8）修坡设备工作或调动时应有专职人员负责。修坡设备工作时，悬臂和破碎锤头及工作面附近不得有人员停留。

（9）当修坡设备沿边坡面走向自上而下进行修整时，驾驶室应位于远离边坡面的一侧；在修整垂直边坡面时，禁止局部掏挖修整。

（10）修坡设备应在作业平台的稳定范围内行走；上、下坡时破碎锤头应下放并与地面保持适当的安全距离。

（11）当修坡设备横跨电缆线路或者风水管路时，应采取保护电缆、风水管等设施的措施。

9.4　冬季施工措施

9.4.1　穿孔防冻

寒冷的冬季温度低，当炮孔中含水时容易结冰，特别是高海拔或北方地区的炮孔结冰现象更加突出，不仅会影响现场钻孔效率，还会增大钻孔作业人员的劳动强度，因此需要根据现场条件采取有效的炮孔防冻控制措施。

（1）应加强与当地气象部门的联系，密切关注当地天气变化，避免在冬季强寒流来袭期间进行户外钻孔作业。

（2）冬季钻孔过程中，应在钻孔内加入一定量的防冰液，如甲醇、乙烯乙二醇等，以减小冰与炮孔壁的表面附着力或降低水在孔壁上的冻结温度，预防炮孔结冰现象的发生。

（3）钻孔完成后，在装药前，应采取棉絮等保温材料对炮孔上部进行适当的堵塞，并覆盖一层毛毡、塑料布等，形成一定的隔热保温层，以提高炮孔内的温度，防止炮孔内的水结冰。

（4）预裂爆破钻孔完成后，应及时清理钻机、钻杆等上面的积水、结冰，并将管路内的水排干，以备下次使用。

（5）加强现场钻机和空压机等设备的冬季保养工作，对于加水、加油润滑部件，应勤检查、勤更换，防止冬季冻裂钻孔设备。

9.4.2　结冰疏孔

炮孔在装药前，若炮孔中已经形成了一定厚度的冰，那么为了实现现场炮孔装药，需要进行疏孔工作，将预裂孔内的结冰融化或凿碎。

（1）在钻孔时添加少量的融雪剂，一类是以醋酸钾为主要成分的有机融雪剂；另一类是以“氯盐”为主要成分的无机融雪剂，如氯化钠、氯化钙、氯化镁、氯化钾等，通称“化冰盐”，以降低炮孔中冰雪的融化温度，有效解决炮孔内的结冰问题。

（2）炮孔内的水在结冰后会造成孔口变小或完全堵塞，导致装药困难，甚至无法实施装药作业。可以采用钻机对结冰的钻孔进行疏孔，或者将钢管磨锋利后套在木杆上进行人工凿冰。

（3）根据现场需要，可以制作炮孔内人工加热除冰设备，在将孔内的结冰融化后，争取时间迅速完成装药工作，防止再次结冰。

9.4.3　孔口防喷水

寒冷地区冬季进行穿孔作业时，若遇到含水层，则水会随着钻机的高压气体由孔口喷出，造成钻机操作台等结冰，导致钻机回转效率降低，部分操作杆不灵敏。为有效解决该问题，可以在较硬的胶板上钻出和钻杆等粗的孔，并将其套在钻杆上，压在炮孔口以防止水向外喷溅。

9.4.4　爆破器材防冻

爆破器材在冬季使用时存在一定的爆炸性能降低问题，如乳化炸药的爆速、猛度、殉爆距离等性能指标均存在不同程度的下降，进而影响爆破破岩效果。寒冷的冬季进行预裂爆破作业时，需要采取有效的防冻措施，尽量减小爆破器材性能下降造成的负面影响。

(1) 冬季施工时，由于乳化炸药易冻结、硬化，增加装药的难度，因此应选取防冻型乳化炸药，并尽量缩短炸药库存时间，以保证冬季作业时炸药的起爆性能和可靠性，避免由于炸药抗冻性差而引起的预裂爆破效果不佳的问题。

(2) 在温度达到-20 ℃以下时，为保证乳化炸药的质量和起爆性能，每批次炸药均需要做爆炸试验，以确保其具有可靠的雷管起爆感度。

(3) 炸药运至作业现场后，应根据炸药卷绑扎和装药的进度，合理控制炸药的卸车时间。

(4) 炸药卷绑扎过程中，应采用保暖性好的编织物等对炸药进行适当的覆盖防护。

(5) 炮孔内的温度通常比地表温度高，在保证作业安全的前提下，应尽量减小每次预裂爆破的规模，提高炮孔装药的效率，降低炸药在地表的摆放暴露时间。

9.4.5 防寒保暖

在严寒环境下，作业人员容易出现手脚冻麻、冻僵和冻伤等问题，同时，生产人员的灵活性、协调性以及作业效率下降，钻孔设备的运行效能降低，因此要特别注重采取低温防护措施。

(1) 在低温严寒环境下，钻机润滑油易于冻结，导致设备在保养时注油困难，因此应加强钻机的日常维护工作，及时添加防冻液、防冻剂等，使用防冻燃料，提高钻机的运行效率。

(2) 冬季施工时，特别是在北方严寒天气下，爆破作业人员的劳动效率降低，因此应做好作业人员的防寒保暖工作，配备防寒保暖劳保服装、手套等防护用品，防止发生人员冻伤事故。

(3) 可以在现场作业附近的安全地点，采取搭设工作棚等措施，就地防寒取暖。

(4) 冬季钻孔作业应尽量安排在温度较高的白天进行，并提高白班的钻孔效率，减少夜班的作业时间。

(5) 根据天气条件，适当控制每次预裂爆破的规模，减少人员在室外的作业时间。

(6) 由于冬季昼夜温差大，因此应合理安排施工时间，尽量在一天内温度相对较高的中午前后完成爆破作业。

(7) 加强爆破人员在严寒天气下戴手套进行炸药卷绑扎、起爆网路连接等的训练工作，提高其作业熟练度和作业效率，缩短现场爆破的作业时间。

参考文献

[1] 汪旭光．爆破设计与施工［M］．北京：冶金工业出版社，2015.
[2] 张志毅，王中黔．工程爆破研究与实践［M］．北京：中国铁道出版社，2004.
[3] 张正宇．中国爆破新技术［M］．北京：冶金工业出版社，2004.
[4] 张正宇．现代水利水电工程爆破［M］．北京：中国水利水电出版社，2004.
[5] 于亚伦．工程爆破理论与技术［M］．北京：冶金工业出版社，2004.
[6] 杜邦公司．爆破手册［M］．龙维祺，等译．北京：冶金工业出版社，1986.
[7] U. 兰格福斯，等．岩石爆破现代技术［M］．北京：冶金工业出版社，1983.
[8] 古斯塔夫松 R. 瑞典爆破技术［M］．齐景鑫，秦伯士，齐景岳，译．北京：人民铁道出版社，1978.
[9] 哈努卡耶夫 A H. 矿岩爆破物理过程［M］．刘殿中，译．北京：冶金工业出版社，1980.
[10] 顾毅成．从光面（预裂）爆破的应用谈爆破技术的进步与发展［J］．铁道工程学报，2010，27（1）：77-81.
[11] 冯叔瑜，郑哲敏．让工程爆破技术更好地服务社会、造福人类——我国工程爆破 60 年回顾与展望［J］．中国工程科学，2014，16（11）：5-13.
[12] 冯叔瑜，顾毅成．路堑爆破边坡质量控制技术的发展与分析［C］//光面预裂爆破论文汇编．中国铁道学会，2007：9-14.
[13] 汪旭光，郑炳旭，宋锦泉，等．中国爆破技术现状与发展［C］//中国爆破新技术Ⅲ．中国力学学会，2012：27-36.
[14] 汪旭光，周家汉，王中黔，等．我国爆破事业的发展和在新世纪的展望［C］．//第七届全国工程爆破学术会议论文集．中国力学学会，2001：13-23.
[15] 高荫桐，刘殿中．试论中国工程爆破行业的发展趋势［J］．工程爆破，2010，16（4）：1-4.
[16] 潘井澜，梁伟东．预裂爆破技术的发展［J］．金属矿山，1996（9）：12-14.
[17] 宋锦泉，汪旭光，段宝福．中国工程爆破发展现状与展望［J］．铜业工程，2002（3）：6-9.
[18] 谢先启，卢文波．精细爆破［J］．工程爆破，2008（3）：1-7.
[19] 谢先启．精细爆破发展现状及展望［J］．中国工程科学，2014，16（11）：14-19.
[20] 谢先启．精细爆破［M］．武汉：华中科技大学出版社，2010.
[21] 蒲传金，郭学彬，肖正学，等．岩土控制爆破的历史与发展现状［J］．爆破，2008（3）：42-46.
[22] 张云鹏，于亚伦．计算机模拟爆破发展综述［J］．中国矿业，1995（5）：69-73.
[23] 秦健飞．聚能预裂（光面）爆破技术［J］．工程爆破，2007（2）：19-24.
[24] 刘第海，文德钧，佟锦嶽．聚能预裂爆破技术［J］．爆破，2000（S1）：92-96.
[25] 丁小华，李克民，任占营，等．露天矿高台阶预裂爆破技术的发展及应用［J］．矿业研究与开发，2011，31（2）：94-97.
[26] 国家能源局．水工建筑物地下开挖工程施工技术规范：DL/T 5099—2011［S］．北京：中国电力出版社，2011.

［27］中华人民共和国水利部．水工建筑物岩石地基开挖施工技术规范：SL 47—2020［S］．北京：中国水利水电出版社，2020.
［28］中华人民共和国国家发展和改革委员会．水工建筑物岩石基础开挖工程施工技术规范：DL/T 5389—2007［S］．北京：中国电力出版社，2007.
［29］中华人民共和国铁道部．铁路路堑边坡光面（预裂）爆破技术规程：TB 10122—2008［S］．北京：中国铁道出版社，2008.
［30］中华人民共和国住房和城乡建设部，中华人民共和国国家质量监督检验检疫总局．土方与爆破工程施工及验收规范：GB 50201—2012［S］．北京：中国建筑工业出版社，2012.
［31］中国爆破行业协会．预裂爆破工程技术设计规范：T/CSEB 0017—2021［S］．2021.
［32］中国爆破行业协会．预裂爆破工程施工组织设计规范：T/CSEB 0018—2021［S］．2021.
［33］张继春，高金石，杨军．岩体爆破成缝机理的应用［J］．爆破，1989：（4）：55-63.
［34］钱叶甫．光面、预裂爆破成缝原理［J］．重庆大学学报（自然科学版），1994（1）：126-130.
［35］王兴发，王中黔．断裂原理在预裂爆破工程中的应用［J］．铁道学报，1983（2）：68-75.
［36］张志呈．岩石爆破裂纹的起裂、扩展、分岔与止裂［J］．爆破，1999（4）：21-24.
［37］袁康．预裂爆破成缝及参数计算原理［J］．爆破，2013，30（1）：58-62.
［38］唐海，梁开水，游钦峰．预裂爆破成缝机制及其影响因素的探讨［J］．爆破，2010，27（3）：41-44.
［39］张建国．预裂缝参数对降震效果的影响规律及预测方法研究［D］．西安：西安科技大学，2021.
［40］高金石，杨振宏．岩体强度、地质构造对预裂爆破参数优化的影响［C］//第四届全国岩石破碎学术讨论会论文集．中国岩石力学与工程学会，1989：359-367.
［41］张会林．露天矿预裂爆破参数的理论分析［J］．金属矿山，1998（11）：5-7.
［42］史秀志，陈小康，董凯程，等．预裂爆破的理论分析及参数计算［J］．采矿技术，2009，9（5）：49-50，105.
［43］杨小林，刘红岩，王金星．露天边坡预裂爆破参数计算［J］．焦作工学院学报（自然科学版），2002（2）：118-122.
［44］王书宣，王坤儒．地下工程的预裂爆破［J］．金属矿山，1980（4）：33-37.
［45］卢文波，陶振宇．预裂爆破中炮孔压力变化历程的理论分析［J］．爆炸与冲击，1994（2）：140-147.
［46］汪旭光．我国工程爆破技术的现状与发展［J］．北京矿冶研究总院学报，1992（2）：1-8.
［47］汪旭光．爆破器材与工程爆破新进展［J］．中国工程科学，2002，4（4）：26-30.
［48］汪旭光，沈立晋．工业雷管技术的现状和发展［J］．工程爆破，2003（3）：52-57.
［49］陈积松．我国矿用爆破器材科学技术发展的50年（上）［J］．金属矿山，1999（11）：1-6.
［50］陈积松．我国矿用爆破器材科学技术发展的50年（下）［J］．金属矿山，1999（12）：

8-15.
[51] 牛京考，于亚伦．金属矿山爆破器材的最新发展［J］. 爆破器材，1989（5）：14-15.
[52] 国家质量技术监督局．乳化炸药：GB 18095—2000［S］. 北京：中国标准出版社，2000.
[53] 中华人民共和国国家质量监督检验检疫总局，中国国家标准化管理委员会．震源药柱：GB 15563—2005［S］. 北京：中国标准出版社，2005.
[54] 中华人民共和国国家质量监督检验检疫总局，中国国家标准化管理委员会．工业导爆索：GB/T 9786—2015［S］. 北京：中国标准出版社，2015.
[55] 中华人民共和国工业和信息化部．凿岩机械与气动工具产品型号编制方法：JB/T 1590—2010［S］. 北京：中国质检出版社，2010.
[56] 孙丽．空气间隔轴向不耦合装药预裂爆破数值模拟研究［D］. 长沙：中南大学，2012.
[57] 尤元元，崔正荣，张西良，等．爆破中双线型聚能药包最佳成缝角度［J］. 爆炸与冲击，2023，43（2）：144-158.
[58] 尤元元．对称双线型聚能爆破技术及应用研究［D］. 马鞍山：中钢集团马鞍山矿山研究院，2020.
[59] 许守信，黄绍威，李二宝，等．复杂破碎岩体矩形聚能药包预裂爆破试验研究［J］. 金属矿山，2021（11）：55-63.
[60] 谢冰，李海波，王长柏，等．节理几何特征对预裂爆破效果影响的数值模拟［J］. 岩土力学，2011，32（12）：3812-3820.
[61] 杨仁树，佟强，杨国梁．聚能管装药预裂爆破模拟试验研究［J］. 中国矿业大学学报，2010，39（5）：631-635.
[62] 钟冬望，李寿贵．预裂爆破数值模拟及其应用研究［J］. 爆破，2001（3）：8-11.
[63] 马天宝，宁建国．三维爆炸与冲击问题仿真软件研究［J］. 计算力学学报，2009，26（4）：600-603.
[64] 王亚强，杨海涛，李晨，等．预裂爆破成缝宽度与线装药密度关系试验研究［J］. 金属矿山，2021（7）：89-95.
[65] 王运敏．现代采矿手册［M］. 北京：冶金工业出版社，2011.
[66] 张红松．ANSYS145 LS · DYNA 非线性有限元分析实例指导教程［M］. 北京：机械工业出版社，2013.
[67] 李胜林，凌天龙，李洪超，等．基于 LSDYNA 的爆炸与爆破数值模拟技术［M］. 北京：机械工业出版社，2022.
[68] 门建兵，蒋建伟，王树有．爆炸冲击数值模拟技术基础［M］. 北京：北京理工大学出版社，2015.
[69] 王玉杰．爆破工程［M］. 武汉：武汉理工大学出版社，2007.
[70] 葛克水．预裂爆破参数的研究［D］. 北京：中国地质大学，2009.
[71] 于亚伦，孙仲，梁立平．ϕ250 毫米大孔径预裂爆破的技术特征［J］. 有色金属（矿山部分），1992（1）：7-10，33.
[72] 高毓山，韩延清．控制爆破技术在南芬露天铁矿的研究与应用［J］. 辽宁科技学院学报，2022，24（1）：17-19.
[73] 高毓山，庄世勇，姜玉富，等．大孔径及特大孔径预裂爆破在南芬露天矿的实验与应用

[J]. 中国矿业，2004（7）：59-62.

[74] 卢文川 . 南芬露天铁矿台阶预裂爆破的研究与应用［C］//第五届全国矿山采选技术进展报告会论文集 . 全国冶金矿山信息网，《矿业快报》杂志社，2006：542-544.

[75] 刘舍宁 . 国外光面和预裂爆破技术［C］//光面预裂爆破论文汇编 . 中国铁道学会，2007：86-93.

[76] Смирнов А В，王守西 . 索科洛夫-萨尔拜采选公司硬岩阶段边坡的整治技术［J］. 国外金属矿采矿，1980（3）：31-34.

[77] 马柏令，齐明，高世才 . 预裂爆破［J］. 有色金属，1980（4）：22-28.

[78] 崔正荣，张西良，潘祖瑛，等 . 超深预裂孔底部加强装药高度试验研究［J］. 金属矿山，2018，（12）：51-55.

[79] 刘为洲，张西良 . 南山矿凹山采场预裂爆破合理参数的计算与分析［J］. 矿业快报，2004（6）：13-15，24.

[80] 刘为洲 . 复杂含水岩体预裂爆破参数试验研究［J］. 金属矿山，2020（2）：169-176.

[81] 刘为洲，张西良，等 . 首钢水厂铁矿复杂地质条件下护帮控制爆破技术研究［R］. 马鞍山：中钢集团马鞍山矿山研究院，2005.

[82] 中华人民共和国交通运输部 . 水运工程爆破技术规范：JTS 204—2008［S］. 北京：人民交通出版社，2008.

[83] 铁道部科学研究院西南研究所隧道爆破小组 . 隧道光面爆破和预裂爆破试验［J］. 铁道建筑，1975（4）：26-31.

[84] 于彦洲，郭坤，谢锟 . 三峡工程左岸 6~10 号厂坝高边坡预裂面的技术控制［C］//光面预裂爆破论文汇编 . 中国铁道学会，2007：119-123.

[85] 白万伟，魏虎 . 水平预裂爆破在三峡工程坝基开挖中的应用［J］. 爆破，2001（4）：27-28.

[86] 刘学 . 全方位预裂爆破在三峡左岸大坝和电站厂房二期开挖中的应用［J］. 爆破，2000（S1）：97-101.

[87] 袁晓冈，冯武平 . 长江三峡水利枢纽永久船闸预裂爆破设计与施工［J］. 爆破，1996（3）：39-41.

[88] 刘美山，周绍武，张正宇，等 . 溪洛渡水电站右岸拱肩槽建基面开挖精细爆破施工［J］. 工程爆破，2009，15（4）：24-28.

[89] 徐盛剑，王飞跃，彭湘华，等 . 预裂爆破技术在溪洛渡水电站右岸坝肩开挖中的应用［J］. 采矿技术，2007：81-82.

[90] 薛巨阳 . 预裂爆破技术在溪洛渡水电站导流硐开挖工程中的应用［C］//光面预裂爆破论文汇编 . 中国铁道学会，铁道部建设司，2007：262-264.

[91] 刘海军，孙金龙，朱士斌 . 溪洛渡水电站左岸进水口高边坡预裂爆破施工与质量控制［J］. 四川水力发电，2007（1）：15-17，136.

[92] 陈代良，朱传云，李勇泉，等 . 溪洛渡水电站高陡边坡开挖预裂爆破设计［J］. 湖北水力发电，2006（1）：35-37.

[93] 李昌能，徐成光 . 复杂地质条件下水电站地下厂房岩壁梁精细爆破开挖［J］. 中国工程科学，2014，16（11）：42-47.

[94] 王文辉，钱喜平，吴新霞．向家坝水电站大规模石方爆破振动效应安全监控［C］// 中国爆破新技术Ⅲ．中国力学学会，2012：953-960.
[95] 王波．深孔预裂及全断面梯段爆破在向家坝水电站地下厂房开挖中的应用［J］．四川水力发电，2010，29（6）：66-70.
[96] 尹强，徐成光．“爆刻技术”在向家坝水电站超大型地下厂房岩壁梁部位复杂地质条件下开挖中的研究与运用［J］．四川水力发电，2008（1）：40-43.
[97] 罗飞跃．聚能预裂爆破在小湾水垫塘、二道坝工程中的应用［J］．湖南水利水电，2009（2）：3-5.
[98] 刘美山，余强，赵根．小湾水电站高陡边坡开挖预裂爆破分析［C］// 光面预裂爆破论文汇编，中国铁道学会，2007：124-128.
[99] 刘远征．高边坡多台阶石方路堑条形硐室加预裂一次成型爆破技术在焦晋高速公路上的应用［C］//2004 年道路工程学术交流会论文集．中国公路学会道路工程分会：中国公路学会，2004：168-175.
[100] 冯叔瑜，顾毅成．路堑爆破边坡质量控制技术的发展与分析［C］// 光面预裂爆破论文汇编．中国铁道学会，2007：9-14.
[101] 冯叔瑜，张正宇，刘美山．爆破技术在水利水电工程中的应用和前景［J］．工程爆破，2005（4）：21-26.
[102] 尹岳降，谢娜娜，郭亮．小湾电站左岸拱坝坝肩槽开挖技术［J］．云南水力发电，2004（5）：48-51，55.
[103] 蒋建林．天生桥一级水电站溢洪道工程预裂爆破［J］．红水河，1997（4）：43-45.
[104] 刘宗道．天生桥一级水电站溢洪道工程边坡深孔预裂爆破技术［J］．水利水电技术，1997（12）：49-51.
[105] 刘运通，高文学，刘宏刚．现代公路工程爆破［M］．北京：人民交通出版社，2006.
[106] 中华人民共和国国家质量监督检验检疫总局，中国国家标准化管理委员会．爆破安全规程：GB 6722—2014［S］．北京：中国质检出版社，2014.
[107] 国家能源局．水电水利工程爆破施工技术规范：DLT 5135—2013［S］．北京：中国电力出版社，2014.
[108] 张志毅，杨年华，卢文波，等．中国爆破振动控制技术的新进展［J］．爆破，2013，30（2）：25-32.
[109] 钟冬望，林大泽，肖绍清．爆炸安全技术［M］．武汉：武汉工业大学出版社，1992.
[110] 孙冰，罗志业，曾晟，等．爆破振动影响因素及控制技术研究现状［J］．矿业安全与环保，2021，48（6）：129-134.
[111] 仪海豹，张西良，杨海涛，等．基于重球触地实验的空区塌落振动分析及治理［J］．爆炸与冲击，2019，39（7）：91-103.
[112] 张西良，仪海豹，辛国帅，等．高程对某露天矿边坡爆破振动传播规律的影响［J］．金属矿山，2017（7）：55-59.
[113] 邹玉君，严鹏，刘琳，等．白鹤滩水电站坝肩边坡爆破振动对周边民房影响评价及控制［J］．振动与冲击，2018，37（1）：248-258.
[114] 邹玉君．白鹤滩水电站左岸坝肩边坡爆破开挖损伤预测及控制研究［D］．武汉：武汉

大学，2017.
[115] 胡英国，吴新霞，赵根，等．水工岩石高边坡爆破振动安全控制标准的确定研究［J］．岩石力学与工程学报，2016，35（11）：2208-2216.
[116] 方宁，杨成和，孙俊鹏，等．超小净距隧道单双层预裂爆破振动研究［J］．铁道建筑，2015（7）：58-60.
[117] 唐海，李海波，周青春，等．预裂爆破震动效应试验研究［J］．岩石力学与工程学报，2010，29（11）：2277-2284.
[118] 徐成光．向家坝电站地下厂房开挖爆破振动控制关键技术［J］．工程爆破，2009，15（4）：33-37.
[119] 李勇泉，吴亮．三峡地下厂房爆破开挖振动衰减规律研究［J］．工程爆破，2009，15（2）：7-10，51.
[120] 戴会超，朱红兵，严鹏．三峡船闸综合控制爆破技术［J］．岩石力学与工程学报，2007（S2）：4426-4431.
[121] 卢文波．三峡工程临时船闸与升船机开挖中的爆破方案优化和爆破振动控制［J］．岩石力学与工程学报，1999（5）：516-519.
[122] 刘利军．三峡永久船闸工程开挖爆破施工技术［J］．爆破，2000（S1）：152-157.
[123] 曾科，周林，贺盼旬．复杂环境下水电站厂房开挖控制爆破试验研究［J］．爆破，2010，27（1）：48-50，81.
[124] 顾红建，仪海豹，黄凯和，等．露天矿爆破飞石形成机理仿真分析研究［J］．铜业工程，2014（1）：32-36，41.
[125] 李屹．爆破飞石产生的原因及控制措施［J］．露天采矿技术，2015（5）：22-25，29.
[126] 高毓山，张敢生，陈庆凯，等．露天矿山爆破飞石的控制方法［J］．现代矿业，2014，30（2）：102-104.
[127] 卢文波，赖世骧，李金河，等．台阶爆破飞石控制探讨［J］．武汉水利电力大学学报，2000（3）：9-12.
[128] 康宁．工程爆破中的飞石预防和控制［J］．爆破，1999（1）：84-91.
[129] 王庆丰．露天爆破飞石的分析和控制［J］．金属矿山，1997（5）：44-45.
[130] 蒋仲安，曾发镔，王亚朋．我国金属矿山采运过程典型作业场所粉尘污染控制研究现状与展望［J］．金属矿山，2021（1）：135-153.
[131] 郑霞忠，杨丘，晋良海，等．露天料场爆破粉尘质量浓度时空分布特征数值模拟［J］．中国安全科学学报，2020，30（10）：55-62.
[132] 金龙哲，郭敬中，李刚，等．金属矿山采场爆破尘毒防控技术研究进展及展望［J］．金属矿山，2021（1）：120-134.
[133] 管仁生．露天深孔岩石爆破水雾降尘试验研究［D］．北京：中国铁道科学研究院，2017.
[134] 崔媚华．采矿爆破粉尘高效凝并技术的研究［D］．济南：山东大学，2017.
[135] 许秦坤，陈海焱．爆破粉尘及炮烟控制现状［J］．爆破，2010，27（4）：113-115.
[136] 张兴凯，李怀宇．露天矿爆破粉尘排放量的计算分析［J］．金属矿山，1996（3）：41-44.

[137] 吴翠香．炸药爆炸的有毒气体对人体的危害 [J]. 矿业快报，2003 (8)：42-43.
[138] 钟冬望，段卫东，王海亮．露天爆破毒气传播规律探讨 [J]. 工程爆破，1999 (1)：63-66.
[139] 杨海涛，仪海豹．水力降低爆破尘毒试验研究 [J]. 金属矿山，2016 (8)：148-151.
[140] 刘桂丽．金属矿山爆破除尘降毒实验研究 [J]. 矿业研究与开发，2011，31 (2)：76-78.
[141] 钟冬望．爆破毒气及其控制 [J]. 工业安全与防尘，1999 (8)：17-19.
[142] 赵永岗，王德胜，秦鹏渊，等．露天矿爆破（烟）粉尘的爆炸水雾降尘技术研究 [J]. 金属矿山，2022 (10)：204-208.
[143] 纪冲，龙源，刘建青．爆破冲击性低频噪声特性及其控制研究 [J]. 爆破，2005 (1)：92-95.
[144] 肖采平．爆破工程与环境保护 [C]//第七届全国工程爆破学术会议论文集．中国力学学会，2001：818-822.
[145] 林大泽．爆破噪声及其控制 [J]. 中国安全科学学报，1998 (6)：29-32.
[146] 范亚菊，姚德生．三峡工程采用预裂爆破的降噪研究 [J]. 噪声与振动控制，1997 (6)：31-33.
[147] 熊宜栋．长江三峡坝区爆破噪声的控制与防护研究 [J]. 水利水电技术，1995 (5)：50-53.
[148] 吴立，张天锡．爆破冲击波特性的理论分析 [J]. 爆破，1992 (4)：8-13.
[149] 杜俊林，罗云滚．水不耦合炮孔装药爆破冲击波的形成和传播 [J]. 岩土力学，2003 (S2)：616-618.
[150] 纪冲，龙源，刘建青．爆破冲击性低频噪声特性及其控制研究 [J]. 爆破，2005 (1)：92-95.
[151] 傅建秋，胡小龙，刘翼．防护条件下爆破冲击波衰减规律研究 [J]. 爆破，2007 (2)：14-17.
[152] 顾毅成．爆破工程施工与安全 [M]. 北京：冶金工业出版社，2004.
[153] 国家市场监督管理总局，国家标准化管理委员会．金属非金属矿山安全规程：GB 16423—2020 [S]. 北京：应急管理出版社，2020.
[154] 马钢南山铁矿凹山车间，马鞍山矿山研究院露天采矿研究室爆破组．应用光面与预裂爆破提高露天矿边坡稳定性 [J]. 金属矿山，1977 (2)：13-15.
[155] 李长城．高纬高寒地区冻土爆破效果优化研究 [J]. 爆破，2023，40 (1)：57-61，76.
[156] 郝亚飞，黄雄，冷振东，等．高寒高海拔地区爆破技术综述及展望 [J]. 爆破，2022，39 (2)：1-8.
[157] 王涛，吴校良，李新，等．高寒高海拔露天矿山大规模控制爆破的实践 [J]. 工程爆破，2019，25 (1)：60-63.
[158] 胡英国，吴新霞，赵根，等．严寒条件下岩体开挖爆破振动安全控制特性研究 [J]. 岩土工程学报，2017，39 (11)：2139-2146.
[159] 常治国，李克民，丁小华，等．严寒气候对露天矿山安全爆破影响的分析 [J]. 工程爆破，2011，17 (4)：100-102.

[160] Sanden B H. Pre-split blasting [D]. Kingston: Queen's University, 1974.

[161] Mellor M. Controlled Perimeter Blasting in Cold Regions [M]. Hanover: US Army Cold Regions Research and Engineering Laboratory, 1975.

[162] Konya C J. Pre-split blasting: Theory and practice [C]//AIME Annual Meeting Las Vegas, Nevada, 1980, 2: 24-28.

[163] Worsey P. Geotechnical factors affecting the application of pre-split blasting to rock slopes [D]. Newcastle upon Tyne: Newcastle University, 1981.

[164] Calder P N, Bauer A. Pre-split blast design for open-pit and underground mines [C] //5th ISRM Congress. OnePetro, 1983.

[165] Horn D W. Pre-split rock blasting [J]. World Coal (Dorking), 1998, 7.

[166] Dyskin A, Galybin A N. Fracture mechanism of pre-split blasting [C] //Fracture mechanism of pre-split blasting. Elsevier, 2000: 235-240.

[167] Prakash A J, Palroy P, Misra D D. Analysis of blast vibration characteristics across a trench and a pre-split plane [J]. Fragblast, 2004, 8 (1): 51-60.

[168] Bazzazi A A, Ebrahimi M A, Panjeh A A. Application of controlled blasting (pre-splitting) using large diameter holes in Sarcheshmeh copper mine [C] //Proceedings of the 8th International Symposium on Rock Fragmentation by Blasting, 2006: 388-392.

[169] Adamson W R. Reflections on the functionality of pre-split blasting for wall control in surface mining [C] //Rock Fragmentation by Blasting: The 10th International Symposium on Rock Fragmentation by Blasting, 2012 (Fragblast 10). Taylor & Francis Books Ltd, 2013: 697-705.

[170] Keverne B, Howe J, Pascoe D, et al. Remediation of a hazardous legacy slope face using pre-split blasting [C] //ISRM Regional Symposium-EUROCK 2015. OnePetro, 2015.

[171] Paswan R K, Sarim M, Roy M P, et al. Blast induced damage and role of discontinuities on presplit blsting at Rampura-AguchaPb-Zn open pit mine [J]. NexGen Technologies for Mining and Fuel Industries (NxGnMiFu-2017), New Delhi, India, 2017: 281-290.

[172] Raina A K. Influence of joint conditions and blast design on pre-split blasting using response surface analysis [J]. Rock Mechanics and Rock Engineering, 2019, 52 (10): 4057-4070.

[173] Jiang J J. Study of pre-split blasting using fracture mechanics [C] //Rock Fragmentation by Blasting. CRC Press, 2020: 201-206.

[174] Tahir Y, Kadiri I, Fertahi S E, et al. Design of Controlled Pre-Split Blasting in a Hydroelectric Construction Project [J]. Civil Engineering Journal, 2023, 9 (3): 556-566.

[175] Nicholls H R, Johnson C F, Duvall W I. Blasting Vibrations and Their Effects on Structures [M]. Washington: US Government Printers, 1971.

[176] Siskind D E. Structure response and damage produced by ground vibration from surface mine blasting [J]. US Department of the Interior, Bureau of Mines, 1980.

[177] Roy P P. Vibration control in an opencast mine based on improved blast vibration predictors [J]. Mining Science and Technology, 1991, 12 (2): 157-165.

[178] Blair D P. Blast vibration control in the presence of delay scatter and random fluctuations

between blastholes [J]. International journal for numerical and analytical methods in geomechanics, 1993, 17 (2): 95-118.

[179] Lu W, Luo Y, Chen M, et al. An introduction to Chinese safety regulations for blasting vibration [J]. Environmental Earth Sciences, 2012, 67: 1951-1959.

[180] Zhang X L, Nguyen H, Choi Y, et al. Novel extreme learning machine-multi-verse optimization model for predicting peak particle velocity induced by mine blasting [J]. Natural Resources Research, 2021, 30: 4735-4751.

[181] Zhang X L, Nguyen H, Bui X N, et al. Novel Soft computing model for predicting blast-induced ground vibration in open-pit mines based on particle swarm optimization and XGBoost [J]. Natural Resources Research, 2020, 29: 711-721.

[182] Mogi G, Adachi T, Tamada K, et al. Simulation of blast vibration controlled by delay blasting [J]. Science and Technology of Energetic Materials, 2004, 65: 48-53.

[183] Richards A B, Evans R, Moore A J. Blast vibration control and assessment techniques [C] //International Journal of Rock Mechanics and Mining Sciences and Geomechanics Abstracts, 1995, 4 (32): 170A.

[184] Birch W, White T, Hosein S. Electronic detonators: a step forward in blast vibration control [C] //15th extractive industry geology conference, Cardiff, 2010.

[185] Ainalis D, Kaufmann O, Tshibangu J P, et al. Modelling the source of blasting for the numerical simulation of blast-induced ground vibrations: a review [J]. Rock mechanics and rock engineering, 2017, 50: 171-193.

[186] Nair P K, Sinha J K. Dust control at deep hole drilling for open pit mines-development of a dust arrestor [J]. Journal of Mines, Metals & Fuels, 1987, 35 (8): 360-364.

[187] Bhandari S, Bhandari A, Arya S. Dust resulting from blasting in surface mines and its control [C] //Proceedings of explosive conference, 2004: 25-34.

[188] Brown C E, Schrenk H H. Control of dust from blasting by a spray of water mist [J]. Department of the Interior, Bureau of Mines, 1938.

[189] Siskind D E, Stagg M S. Environmental effects of blasting and their control [R]. International Society of Explosives Engineers, Cleveland, OH (United States), 1997.

[190] Kahraman M M, Erkayaoglu M. A data-driven approach to control fugitive dust in mine operations [J]. Mining, Metallurgy & Exploration, 2021, 38 (1): 549-558.